安全生产隐患排查治理指导丛书

Anquan

机械制造与加工企业
安全生产隐患排查治理指导

安全生产隐患排查治理指导丛书编委会

Jixie Zhizao yu Jiagong Qiye
Anquan Shengchan Yinhuan Paicha Zhili Zhidao

中国劳动社会保障出版社

图书在版编目(CIP)数据

机械制造与加工企业安全生产隐患排查治理指导/安全生产隐患排查治理指导丛书编委会. —北京：中国劳动社会保障出版社，2008

安全生产隐患排查治理指导丛书

ISBN 978-7-5045-7092-5

Ⅰ. 机… Ⅱ. 安… Ⅲ. ①机械制造-工业企业-安全生产-生产管理 ②机械加工-工业企业-安全生产-生产管理 Ⅳ. TH188

中国版本图书馆 CIP 数据核字(2008)第 049841 号

中国劳动社会保障出版社出版发行

(北京市惠新东街 1 号 邮政编码：100029)

出 版 人：张梦欣

*

北京隆昌伟业印刷有限公司印刷装订 新华书店经销

880 毫米×1230 毫米 32 开本 6.625 印张 145 千字

2008 年 4 月第 1 版 2008 年 4 月第 1 次印刷

定价：16.00 元

读者服务部电话：010－64929211

发行部电话：010－64927085

出版社网址：http：//www.class.com.cn

安全生产隐患排查治理指导丛书

编　委　会

内 容 提 要

本书是由国家安全生产监督管理总局各业务部门的专家，根据国务院关于开展全国安全生产隐患排查治理工作的部署编写的。全书内容共分六章，从机械制造与加工企业生产与事故的特点入手，精选了有关机械制造与加工企业事故隐患治理的规章制度，讲述了机械制造与加工企业安全生产检查知识，重点介绍了机械制造与加工企业生产重大危险源的辨识与防范措施，并精选了全国典型的机械制造与加工企业生产安全事故案例进行分析。

本书为“安全生产隐患排查治理指导丛书”之一，可作为机械制造与加工企业安全管理人员、安全技术人员的指导用书，还可作为全国机械制造与加工企业从业人员和班组学习的安全培训教材。

前　言

目前，我国正处在经济建设快速发展阶段，由于粗放型的发展方式尚未得到根本扭转，社会管理落后于经济发展的局面尚未得到根本改变，必然带来大量的安全隐患问题。尤其是在工业生产中，由于一些行业、企业的安全生产基础薄弱，安全投入不足，技术装备陈旧，安全条件落后，历史欠账较多，再加上安全管理水平不高，从业人员安全意识不强，进一步加大了安全风险。因此，我国目前仍然处于安全事故多发、高发、易发时期。突出表现为全国重特大伤亡事故不断发生。

隐患是安全生产各种矛盾的集中表现形式，是事故滋生的土壤，是事故的前兆；事故是隐患的必然结果。隐患不除，事故难绝。国务院办公厅在 2008 年 2 月 16 日发出的《国务院办公厅关于进一步开展安全生产隐患排查治理工作的通知》（国办发明电［2008］15 号）中，明确要求各地区、各行业（领域）的全部生产经营单位，尤其是一些高危行业企业、特种设备使用单位、商贸服务等劳动密集型企业，开展安全生产隐患排查治理工作。开展安全生产隐患排查治理决不是一时性的、临时性的工作安排，国务院要求“各地区、各部门、各单位要以隐患排查治理为契机，不断加强和规范安全管理与监督”，要“标本兼治，着力构建安全生产长效机制”。

为了配合全国安全生产隐患排查治理工作，国家安全生产监督管理总局相关部门的专家编写了这套安全生产隐患排查治理指导丛书。本丛书共计10种：①《煤矿安全生产隐患排查治理指导》；②《金属非金属矿山安全生产隐患排查治理指导》；③《冶金企业安全生产隐患排查治理指导》；④《危险化学品储存运输企业安全生产隐患排查治理指导》；⑤《化工生产企业安全生产隐患排查治理指导》；⑥《建筑施工安全生产隐患排查治理指导》；⑦《机械制造与加工企业安全生产隐患排查治理指导》；⑧《道路交通运输企业安全生产隐患排查治理指导》；⑨《特种设备使用单位安全生产隐患排查治理指导》；⑩《商贸服务企业安全生产隐患排查治理指导》。

本丛书对于有关行业、企业开展安全生产隐患排查治理工作，具有较强的指导性、针对性和实用性。书中较详细地介绍了相关行业的生产特点、事故特点及事故发生规律，安全生产事故隐患治理的有关规章，以及企业排查治理事故隐患制度，安全检查表，重大危险源辨识和具体应用，企业安全生产事故应急救援预案，安全生产事故典型案例分析等内容。本丛书既可作为各地区、各行业（领域）生产经营单位开展安全生产隐患排查治理工作的指导用书，又可作为各生产经营单位开展安全生产隐患排查治理工作的培训教材。

希望本套丛书的出版，有助于各单位的安全生产隐患排查治理工作，从而保证安全生产。

目　录

第一章

机械制造与加工企业安全生产与事故特点

在工业产品和生活日用品的生产过程中，需要使用大量的加工机械、运输机械以及其他各种机械，这是现代化生产的一个显著特征。根据加工的物件特点不同，加工机械可分为冷加工机械（如金属切削机床、冲剪压设备等）和热加工机械（如锻造机械、铸造机械等），以及与机械制造、加工相配套的其他设备、设施。在安全管理中，需要根据冷加工机械、热加工机械和其他配套设备、设施的不同特点，采取有针对性的安全管理措施，保证作业场所和作业人员的生产安全。

第一节　机械制造与加工企业的安全生产

机械制造与加工企业生产离不开机械设备，机械设备是人类进行生产的重要工具。随着科技的发展，机械设备的功能不断增加、数量不断增多、使用范围不断扩大。然而，机械设备在给生产带来高效、快捷、方便的同时，也带来了危险与有害因素，对操作人员造成伤害，对设备财产造成损失。

一、机械设备存在的危险与有害因素

机械设备在规定的使用条件下执行其功能的过程中，以及在运输、安装、调整、维修、拆卸和处理时，无论处于哪个阶段，处于哪种状态，都存在着危险与有害因素，都有可能对操作人员造成伤害（见表1—1）。

表1—1　　机械设备存在的危险与有害因素的不同状态

设备状态	存在的危险与有害因素
正常工作状态	机械设备在完成预定功能的正常工作状态下，存在着不可避免的但却是执行预定功能所必须具备的运动要素，并可能产生危害后果，如零部件的相对运动、刀具的旋转、机械运转的噪声和振动等，使机械设备在正常工作状态下存在碰撞、切割、作业环境恶化等对操作人员安全不利的危险因素
非正常工作状态	在机械设备运转过程中，由于各种原因引起的意外状态，包括故障状态和维修保养状态。设备的故障不仅可能造成局部或整机的停转，还可能对操作人员构成危险，如运转中的砂轮片破损会导致砂轮飞出造成物体打击事故；电气开关故障会产生机械设备不能停机的危险。机械设备的维修保养一般都是在停机状态下进行的，由于检修的需要往往迫使检修人员采用一些特殊的做法，如攀高、进入狭小或几乎密闭的空间、将安全装置拆除等，使维护和修理过程容易出现正常操作不会发生的危险
非工作状态	机械设备停止运转处于静止状态时，一般情况下是安全的，但是也不排除发生伤害的可能。如由于环境照度不足导致人员发生碰撞事故；室外机械设备由于稳定性不够在风力作用下发生垮塌、滑移或倾翻等

概括起来，机械设备的危险主要有以下9大类：

（1）机械危险。包括挤压、剪切、切割，切断、缠绕、引入、卷入、冲击、刺伤，扎伤、摩擦、磨损、高压流体喷射或抛射等危险。

（2）电气危险。包括直接或间接触电、趋近高压带电体和静电所造成的危险等。

（3）热（冷）的危险。烧伤、烫伤的危险，热辐射或其他现象引起的熔化粒子喷射和化学效应的危险和冷的环境对健康损伤的危险等。

（4）由噪声引起的危险。包括听力损伤、生理异常、语言通信和听觉干扰的危险等。

（5）由振动产生的危险。如由手持机械导致神经病变和血脉失调的危险、全身振动的危险等。

（6）由低频无线频率、微波、红外线、可见光、紫外线、各种高能粒子射线、电子或粒子束、激光辐射对人身体健康和环境损害的危险。

（7）由机械加工、使用和它的构成材料和物质产生的危险。

（8）在机械设计中由于忽略了人类工效学原则而产生的危险。

（9）以上各种类型危险的组合危险。

二、对机械设备基本安全要求

机械设备安全是指机械设备在按照使用说明书规定的预定使用条件下，执行其功能和在对其运输、包装、调试、运行、维修、拆卸和处理时，对操作者不发生身体损伤或危害其健康的能力。

机械安全是由组成机械的各部分及整机的安全状态、机械设备操作人员的安全行为以及机械和人的和谐关系来保证的。解决机械安全问题要用安全系统的观点和方法，从人的安全需要出发，保证在机械设备整个寿命周期内，人的身心能够免受外界危害因素的伤害。机械设备安全应考虑其寿命周期的各个阶段，还应考虑机械的各种状态。

1. 基本原则

(1) 机械设备及其零部件，必须有足够的强度、刚度和稳定性，在按规定条件制造、安装、运输、储存和使用时，不得对人员造成危险。

(2) 机械设备的设计，必须履行安全人机工程的原则，以便最大限度地减轻操作人员的体力和脑力消耗以及精神紧张状况。

(3) 机械设备的安全，应通过以下途径予以保证：①选择最佳设计方案，并严格按照标准制造、检验。②合理地采用机械化、自动化和计算机技术。③采用有效的防护措施。④安装、运输、储存、使用和维修的技术文件，应载明安全要求。⑤在使用过程中，机械设备不得排放超过标准规定的有害物质。

(4) 机械设备的设计，应进行安全性评价。当安全技术措施与经济利益发生矛盾时，则应优先考虑安全技术上的要求，并按直接安全技术措施、间接安全技术措施、指示性安全技术措施的等级顺序选择。其中：①直接安全技术措施。机械设备本身应具有本质安全性能，保证不会出现任何危险。②间接安全技术措施。当直接安全技术措施不能或者不完全能实现时，必须在机械设备总体设计阶段，设计出一种或多种可靠的安全防护装置。安全防护装置的设计、制造任务不应留给用户去承担。

(5) 在使用过程中，机械设备不得排放超过标准规定的有害物质。

(6) 机械设备在整个使用期限内均应符合安全卫生要求。

2. 安全设计基本要求

决定机械安全性能的关键是机械安全设计，即在机械设备的设计阶段，从零部件材料到零部件的形状和相对位置，从限制操纵力、运动部件的质量和速度到减少噪声和振动，采用本质安全技术与动力源，应用零部件之间的强制机械作用原理，结合人机工程学原则等多项措施，通过选用适当的结构设计，尽可能地避免或减小危险；也可以通过提高其可靠性、操作机械化或自动化以及实行在危险区之外的调整、维修等措施，以避免或减小危险。

三、对通用机械加工设备的安全要求

通用机械加工设备是各行业机械加工的基础设备，主要有金属切削机床、锻压机械、冲剪压机械、起重机械、铸造机械、木工机械等。

1. 机械加工设备的一般安全要求

国家标准《机械加工设备的一般安全要求》（GB 12266—1990），对机械加工设备的安全有明确的要求（见表 1—2）。

表 1—2　　机械加工设备的一般安全要求

项目		安全要求
结构	材料	机械加工设备本身使用的材料应符合安全卫生要求，不允许使用对人体有害材料和未经安全卫生检验的材料
	外形	机械加工设备的外形结构应尽量平整光滑，避免尖锐的棱和角
	运动部件	凡易造成伤害事故的运动部件均应封闭或屏蔽，或采取其他避免操作人员接触的防护措施；为避免挤压伤害，直线运动部件之间或直线运动部件与静止部件之间的距离必须符合有关规定；高速旋转的运动部件应进行必要的静平衡或动平衡试验；有惯性冲撞的运动部件必须采取可靠的缓冲措施，防止因惯性而造成伤害事故
	工作位置	机械加工设备的工作位置应安全可靠，并保证操作人员有足够的活动空间；设备工作面的高度应符合人机工程学的要求；平台和通道必须防滑，必要时设置踏板和栏杆

续表

项目	安全要求
控制机构	（1）机械加工设备应设有防止意外启动而造成危险的保护装置，对危险性较大的设备，尽可能配置监控装置 （2）显示器应准确、简单、可靠，其性能、形式、数量和大小应适合信息特征和人的感知特性 （3）危险信号的显示应在信号强度、形式、确切性、对比性等方面突出于其他信号，一般应优先采用视、听双重显示器 （4）控制器的布置应适合人体的生理特征，控制器的操纵力大小应适合人体生物力学要求，控制器的形状、颜色、形象符号应易于操作人员识别
防护装置	（1）安全防护装置应结构简单、布局合理，不得有锐利的边缘和突缘 （2）安全防护装置应具有足够的可靠性，在规定的寿命期限内有足够的强度、刚度、稳定性、耐腐蚀性、抗疲劳性，以确保安全 （3）安全防护装置应与设备运转联锁，保证安全防护装置未起作用之前，设备不能运转 （4）紧急停车开关应保证瞬时动作时，能终止设备的一切运动，其布置的位置应保证操作人员易于触及，不发生危险
检验维修	（1）机械加工设备的加油和日常检查一般不得进入危险区内 （2）若需要在危险区内进行检验和维修时，必须采取可靠的防护措施，防止发生危险 （3）机械加工设备需要进入检修的部位应有适合人体测量尺寸要求的开口

2. 金属切削机床的安全要求

金属切削机床（简称“机床”）是用切削的方法将金属毛坯加工成一定的几何形状、尺寸精度和表面质量的机器零件的机器。按加工性质和所用刀具分类，目前，国家标准《金属切削机床型号编号方法》（GB 15375—1994）将机床分为车床、钻床、镗床、磨床、齿轮加工机床、螺纹加工机床、铣床、刨插床、拉床、锯床、其他机床等11大类。

（1）金属切削的主要危险因素。金属切削加工是用刀具从金属材料上切除多余的金属层，其过程实际就是切屑形成的过程。切屑可能对操作人员造成伤害，或对工件造成损坏，如崩碎的切屑可能迸溅伤人；带状切屑会连绵不断地缠绕在工件上，损坏已加工的表面。

金属切削主要的危险源有：机械传动部件外露时，无可靠有效的防护装置；机床执行部件，如装夹工具、夹具或卡具脱落、松动；机床本体的旋转部件有突出的销、楔、键；加工超长工件时伸出机床尾端的部分；工、卡、刀具放置不当；机床的电气部件设置不规范或出现故障等。

（2）机床安全防护技术要求。《金属切削机床安全防护通用技术条件》（GB 15760—1995）规定了金属切削机床安全防护的技术要求（见表1—3）。

四、对机械加工作业场所的安全要求

1. 对机械加工车间安全要求

机械加工车间（冷加工机械）是作业人员操作机床设备的场所，必须采取一些有效的安全措施。

（1）机械设备之间的间距小型设备不小于0.7 m；中型设备不小于1 m；大型设备不小于2 m。操作人员和设备旋转应是背对背或面对背交错摆放。主要通道应有白线标志或警告指示标志。

（2）工件、毛坯、工具应存放整齐、平稳可靠、分类堆放，做到定置管理，堆放高度不超过1.2 m。

（3）车间地面应平整、整洁，作业场所工业垃圾、废油、废水及

表1—3　　机床安全防护技术要求

项目	技术要求
机床结构	(1) 机床外形应确保稳定性，不应存在意外翻倒、跌落或移动的危险；可接触的外露部分不应有可能导致人员伤害的尖棱、尖角等 (2) 运动部件有可能造成危险的运动部件和传动装置一般应予封闭，封闭有困难时应设置安全防护装置或采取必要的防护措施；运动部件之间或运动部件与静止部件之间若存在导致夹伤或挤伤的危险，应采取防护措施；有惯性冲击的机动往复运动部件一般应设置可靠的限位装置，必要时可采取可靠的缓冲措施；可能因超负荷发生损坏的运动部件一般应设置超负荷保险装置；运动中有可能松脱的零部件应设有防松装置；运动部件不允许同时动作时，其控制机构应互锁 (3) 夹持装置应确保不会使工件、刀具坠落或被甩出；在紧急停止或动力系统发生故障时，机动夹持装置和电磁吸盘仍应保持对刀具、工件的夹紧力和吸附力，否则应设置可靠的安全防护装置；采用气动夹持装置时，应避免其废气将切屑和灰尘吹向操作者 (4) 保持机床部件及其有关配重的静平衡和动平衡，防止倾翻或跌落
安全防护装置	安全防护装置应性能可靠；本身不应引起附加的危险，不应限制机床的功能，也不应过多地限制机床的操作、调整和维护；安全防护装置应牢固可靠地固定，与机床危险部位间的安全防护距离应符合有关规定；防护罩、屏、栏等应完备、可靠，其材料、机构等都应符合标准规定
安全标志	必要时在机床的危险部位设置安全标志或涂上安全色，在遮蔽危险部位的防护罩内表面，或在危险零件的四周表面、或直接在危险零件上涂上安全色，以提醒操作、调整和维护人员注意危险的存在；使用安全标志和安全色均应符合标准规定

续表

项目	技术要求
控制系统	控制系统应确保其功能可靠，符合标准规定；应能经受预期的工作负荷和外来影响；控制器件的位置应确保操作时不会引起误操作和附加的危险；在工作位置不能观察到全部工作区的机床，一般应设置声学的或光学的启动警告信号装置，以便工作区内人员及时撤离或迅速阻止启动；有一个以上工作或操作位置的机床，应设置控制的互锁装置；数控机床应为每种控制功能设置选择开关；在每个“启动”控制器附近都应设置一个“停止”控制器件，在每个工作或操作位置一般都应设置一个紧急停止控制器件；不能在地面上操作的机床，应设置符合标准规定的通向固定控制台的钢梯和工作平台，控制器件应清晰可辨，易于区别，必要时应设置表示其功能或用途的标志。此外，各种控制器件的设计均应符合人机工程原则
动力系统	电气系统、液压系统、气动系统均应符合有关标准规定的安全要求
润滑、冷却系统和切削	润滑、冷却系统应符合有关标准规定的安全要求；机床应尽可能容纳和有效回收冷却液，固定冷却液喷嘴的装置，应能方便、安全、可靠地固定在所需位置上；在切散飞溅部位应设置防护装置
有关职业危害因素的防护	工作时产生的有害气体、粉尘或大量油雾，应设置有效的排气、除尘或吸雾装置；机床的噪声声压级不应超过 85 dB (A)；一般应提供确保紧急安全工作所需的、符合标准的局部照明装置
储运	机床包装应符合标准规定的安全要求

废物应及时清理干净，车间安全通道应畅通。

(4) 生产场地要有良好的采光。采光分为自然采光和人工采光，当白天自然采光达不到照度时，应采用人工局部照明。一般作业照度为 150 lx 左右，精密度作业则应为 300 lx 左右。

(5) 生产场地不宜长期存放汽油、煤油等易燃、易爆物品，应配置必要的消防用具，作业现场提倡禁烟或在指定地点（吸烟室）吸烟。

（6）正确穿戴防护用品进入操作岗位，夏季不允许赤膊、穿背心、短裤、裙子、高跟鞋、凉鞋等。

2. 对金属热加工车间安全要求

金属热加工车间的生产特点是生产工序多，起重运输量大，在生产过程中伴随着高温，散发出各种有毒有害气体和粉尘、烟雾及噪声，其作业环境恶劣，体力劳动繁重，因此容易发生伤亡事故。所以，金属热加工车间必须采取一些有效的安全措施。

（1）精选炉料，防止混入爆炸物，投入的物料必须充分干燥，添加的合金要进行预热。

（2）金属溶液出炉时，应采用电动、气动或液压式堵眼机构，以及自动回转式前炉，所使用的工具及钢水包必须充分预热。

（3）地坑要采取严格措施，严防地下水及地表水渗入，车间地面应干燥，不得积水。

（4）熔融金属的容器，必须符合制造质量标准，浇包内金属液不能过满。

（5）锻锤应采用操作机械或机械手操纵，防止热锻件或氧化皮等飞溅伤人。操作人员与气锤司机座前应设置隔离防护罩，所用工具如錾刀、样方等必须充分预热。

（6）工具与工件在放进热处理盐熔炉前，必须预热，淬火油池和水池周围应设置栏杆或防护罩。

（7）车间应有安全通道，地面要平坦而不滑，并保证畅通。

（8）车间应有足够的采光照明，厂房设计要符合采暖通风和安全的要求。

（9）在不影响生产与运输的前提下，各工序各岗位尽可能做到相互隔离。

（10）金属热加工车间的作业人员必须配备必要的防护用品，如工作服、安全帽、防护鞋等。

第二节　机械制造与加工企业事故特点与原因

机械制造与加工企业在生产过程中，由于大量机械设备的使用和人员的高度密集，不可避免地会发生各种各样的事故，如绞碾事故、冲压事故、物体打击事故、触电事故、中毒事故以及火灾爆炸事故等。在各种人员伤害事故中，以机械伤害事故为主，据统计机械性伤害事故占全部事故总数的70%左右。因此，加强对机械设备的安全管理和人员的安全管理，是减少和降低事故发生的主要措施。

一、机械制造与加工企业事故构成要素分析

通过对机械制造与加工企业大量事故的分析，构成事故的主要要素有：作业人员或其他人员的不安全行为，机械设备存在的不安全状态，生产以及作业环境的不安全条件，即人、物、环境三个要素。这三个要素构成了生产中的危险因素（事故隐患），事故的发生，可以看作是对这三个要素的失控。对这三个要素的控制是企业安全管理的主要任务，事故的发生则是由于在企业安全管理方面，没有将人、物、环境这三个要素控制住。所以，在事故分析上，把安全管理也作为一个重要因素看待。

各种事故发生的时间、地点和过程、原因虽然不尽相同，多种多样，但是通过大量事故分析，运用系统工程观点方法分析可知，每一种事故的发生都取决于一个或多个要素（见表1—4）。

表 1—4　　构成事故原因要素分析

人的不安全行为和状态	物和环境的不安全状态	管理上的原因
(1) 忽视和违反安全生产规章制度及操作规程的行为 (2) 操作上的误动作 (3) 作业中的不注意 (4) 疲劳作业 (5) 身体有缺陷	(1) 设备和装置的结构不良，强度不够，零部件磨损和老化 (2) 工作环境面积偏小或工作场所有其他缺陷 (3) 物质的堆放和整理不当 (4) 外来的或自然的不安全状态，危险物与有害物的存在 (5) 安全防护装置失灵 (6) 劳动保护用具或服装缺乏或有缺陷 (7) 作业方法不安全 (8) 工作环境，如照明、温度、噪声、振动、颜色和通风等条件不良	(1) 技术缺陷。工业建筑物、构筑物、机械设备、仪器仪表的设计、选材、布置安装、维护检修有缺陷，或工艺流程及操作程序有问题 (2) 对操作者缺乏必要的培训教育 (3) 劳动组织不合理 (4) 对作业现场缺乏检查和指导 (5) 没有安全操作规程或操作规程不健全 (6) 隐患整改不及时，事故防范措施不落实

二、机械制造与加工企业事故原因分析

1. 机械设备危险和有害因素的四种类型

机械制造与加工企业使用的机械设备类型繁多，所产生的危险和有害因素也各异，但是可以将机械设备产生的各种危险和有害因素主要归纳为以下四种类型：

(1) 机械性伤害危险因素。这类伤害是由设备、构件、硬性物体直接与人的肌体发生作用而引起伤害，如碰撞、打击、切割、磨削、冲砸、跌落等。

(2) 火灾爆炸性危险因素。由可燃物引起火灾、爆炸，或因设备爆炸而引发的事故伤害，如易燃、易爆物爆炸危害，锅炉、压力容器爆炸，气焊火灾危害等。

(3) 电气危害性危险因素。由电气线路、电气设备引发的事故危

害，如电击。值得指出的是，在爆炸危险环境下，电气危害还可引发火灾、爆炸事故危害。

(4) 职业毒害性有害因素。如尘、毒、噪声、辐射等危害因素。

根据产生的危险因素和引起的事故灾害特点不同，以及机械设备安全管理重点不同，可以将机械设备（设施）划分为四类：机械类设备，如各种加工类机械、起重机械、运输机械等，它们主要引起机械性伤害；电气设备，如变配电装置、电气设备、电焊机等，它们主要引起电气性伤害；受压容器类设备，如锅炉、压力容器、气瓶、反应器类等，它们主要引起爆炸事故；燃烧爆炸危险设备设施，如化学危险品库、油库、乙炔发生站、制氧站等，主要事故是火灾与爆炸。

2. 机械制造与加工事故的直接原因

机械制造与加工事故发生的原因，可以分为直接原因与间接原因两个方面。属于事故的直接原因主要有两个因素：

(1) 机械、物质或环境的不安全状态。如：防护、保险、信号等装置缺乏或有缺陷，设备、设施、工具、附件有缺陷，个体防护用品、用具缺少或有缺陷，生产（施工）场地环境不良等。

(2) 人的不安全行为。如：操作错误造成安全装置失效，使用不安全设备，用手代替工具操作，物体存放不当，冒险进入危险场所，违反操作规定，注意力分散，忽视个体防护用品用具的使用，不安全装束等。

3. 机械制造与加工事故的间接原因

(1) 技术和设计上有缺陷。工业构件、建筑物、机械设备、仪器仪表、工艺过程、操作方法、维修检验等的设计、施工和材料使用存在问题。

（2）教育培训不够。没有经过安全和技术培训，缺乏或不懂安全操作技术知识，劳动组织不合理。

（3）对作业现场缺乏检查或指导错误。没有安全操作规程或不健全，没有或不认真实施事故防范措施，对事故隐患整改不力等。

需要注意的是，有的事故的直接原因与间接原因很清楚，有的事故直接原因与间接原因则不易区分。对于大多数事故来讲，造成事故的直接原因通常只有一个，而有的事故的直接原因可能不局限于一个。在造成事故的直接原因中，违章作业、维护不周、操作失误又是其中的主要原因。除此之外，还有设计缺陷、制造缺陷、化学腐蚀等原因。一般来讲，造成事故的间接原因较多。

三、机械制造与加工企业事故发生发展过程及责任

机械制造与加工企业所发生的大多数事故，其过程简单，原因清晰，因果关系明确，也很少出现群死群伤现象。这与煤矿、化工等企业所发生的事故有所不同，不像煤矿、化工事故具有许多不确定的外在因素。

1. 事故发生发展的三个阶段

事故的发生发展实际上是一个不断变化的过程，一般来说事故的发生存在以下三个阶段：

（1）前兆阶段。导致灾害和事故爆发的因素逐渐积累的阶段，就是前兆阶段。任何伤亡事故都有前兆，只是在显露程度上有所区别。安全管理工作的重要任务之一，就是尽早发现和识别事故的前兆，因为处于前兆阶段的事故最容易控制甚至予以消除。所以企业要开展经常性的安全检查，以期发现事故隐患，采取针对措施，从而达到防止事故发生的目的。

（2）爆发阶段。这一阶段只有一瞬间，事故往往以极快的速度和极高的强度发生，事故所造成的损失大多集中在这一阶段。这一阶段具有意外性和紧急性的特点。

（3）持续阶段。即灾害和事故所造成的后果仍然存在的阶段，持续阶段越长，所造成的危害越大，要消除后果往往要花费很大的精力，伤亡事故的抢救、善后处理、事故现场清理以及恢复生产等都属于持续阶段。

2. 事故发生责任的追究

事故发生后，需要确定事故责任者，事故责任者包括直接责任者、主要责任者和领导责任者。直接责任者是指其行为与事故发生有直接因果关系，对事故的发生负有直接责任。主要责任者是指造成不安全状态的人和有不安全行为的人，对事故的发生负有重要的责任。对事故发生负有领导责任的为领导责任者，一般从间接原因确定领导责任。在直接责任者和领导责任者中，对事故发生起主要作用的，为主要责任者。

下述原因造成的事故，应首先追究领导者的责任：

（1）员工没按规定进行安全教育和技术培训，或特种作业人员未取得特种作业操作证就上岗操作。

（2）缺乏安全技术操作规程或规程不健全。

（3）安全措施、安全信号、安全标志、安全用具、个体防护用品缺乏或有缺陷。

（4）设备严重失修或超负荷运转。

（5）对事故熟视无睹，不采取措施，或挪用安全技术措施经费，致使重复发生同类事故。

(6) 对作业现场缺乏检查或指导错误。

下述原因造成的事故，应追究肇事者或有关人员责任：

(1) 违章指挥、违章作业、违反劳动纪律。

(2) 违反安全生产责任制，玩忽职守。

(3) 擅自开动机器设备，擅自更改、拆除、毁坏、挪用安全装置和设备。

事故发生后，吸取事故教训，从安全管理上和企业领导者查找原因，对于预防事故的再次发生具有重要意义。不能推卸责任，将责任完全归结于操作者，这样将不利于对事故的预防。

四、机械制造与加工企业事故防范措施

企业的安全生产管理，主要从三个方面着手：一是从规章制度着手，用规章制度约束操作者和管理者的行为，这是安全管理的基础；二是从教育培训着手，通过教育培训增强操作者和管理者的安全意识，提高遵守规章制度的自觉性；三是从技术措施和管理方法上着手，通过实施有效的技术措施，提高安全生产的可靠性和提高设备设施、技术措施的可靠性。实际上防范事故的发生，也主要从这三个方面着手，即采取工程技术措施、安全教育及培训措施、安全管理措施，吸取事故教训，预防同类事故的发生。

1. 工程技术措施

工程技术措施是针对主要设备、设施、工艺、操作等，从安全角度考虑计划、设计、检查和保养的措施。对新设备、新装置从设计阶段开始，就需要充分考虑安全问题。有了完整的设计方案，在制造、加工过程中，也可能因材料缺陷或加工技术差，使新设备、新装置处于不安全状态。此外，设备刚开始使用时能满足安全要求，但随着磨

损、疲劳或腐蚀等因素的影响，设备也会转变为不安全状态。因此，必须根据生产的发展和设备的使用情况，及时改进或采取相应的工程技术措施。

2. 安全教育及培训措施

安全教育及培训措施是指通过不同形式和途径的安全教育和培训，使员工掌握安全方面应有的知识和操作方法，使安全贯穿于生产之中。安全教育不仅仅是为了学习安全知识，更重要的是要会应用安全知识。

安全教育分两个方面，一个是思想教育，另一个是安全技术知识教育。思想教育是安全生产教育的一项重要内容，目的是使企业领导、管理人员和操作人员从思想上认识到做好安全工作对企业生产的重要意义。在实际工作中，需要正确处理好安全与生产的辩证统一关系，自觉地去组织和进行安全教育。进行安全生产方针、政策的教育是为了提高各级领导和广大职工的政策水平，正确理解党的安全生产方针，严肃认真地执行安全生产法规，做到不违章指挥、不违章作业。进行安全技术知识教育的目的，是通过学习安全技术知识，结合先进经验，掌握操作技术，不断提高操作技能。

3. 安全管理措施

安全管理从广义上讲，一是预测生产活动中存在的危险，从而预先采取防范措施，使员工在生产活动中不致受到伤害和职业病的危害；二是制定各种规章制度和消除危害因素所采取的各种办法、措施；三是告诉人们去认识危险和防止灾害。具体包括这样几个方面：

（1）贯彻落实国家安全生产法律法规，落实“安全第一，预防为主，综合治理”的安全生产方针，并落实企业各级人员安全生产责任制。

(2) 制定安全生产的各种规程、规定和制度，对作业现场的安全生产进行监督检查，纠正并处罚各种违章违规行为，使安全生产的各种规程、规定和制度得到认真贯彻实施。

(3) 对作业场所、机械设备设施进行安全检查和综合治理，消除不安全因素以及事故隐患，使企业的生产机械设备和设施达到本质化安全的要求，保障职工有一个安全可靠的作业条件，减少和杜绝各类事故造成的人员伤亡和财产损失。

(4) 采取各种劳动卫生措施，不断改善劳动条件和环境，定期检测，防止和消除职业病及职业危害，做好女工和未成年工的特殊保护，保障劳动者的身心健康。

(5) 推广和应用现代化安全管理技术与方法，提高安全生产管理水平，降低事故发生率，不断深化企业安全管理。

第二章

机械制造与加工企业事故隐患治理有关规章与制度

在机械制造与加工企业安全生产管理方面，国家和安全生产监管部门陆续颁发了一系列有关法律法规、部门规章，这对于加强机械制造与加工的安全生产、加强安全监督管理、消除事故隐患、减少事故的发生起到了积极的作用。

第一节 机械制造与加工企业安全生产有关法律法规

有关加强和规范机械制造与加工企业安全生产，加强安全监督管理，消除事故隐患的主要法律法规有：《安全生产法》《职业病防治法》以及新近颁布实施的《突发事件应对法》等国家法律，也包括国务院制定、批准和实施的一系列条例和规定，如《国务院关于特大安全事故行政责任追究的规定》《工伤保险条例》（国务院令第 375 号）、《特种设备安全监察条例》（国务院令第 373 号）、《生产安全事故报告和调查处理条例》（国务院令第 493 号）等。2004 年，国务院针对全国安全生产工作作出了《关于进一步加强安全生产工作的决定》（国发［2004］2 号）。2007 年和 2008 年，国务院办公厅连续发出通知，在重点行业和领域开展安全生产隐患排查治理专项行动，进一步加强安全生产工作，坚决遏制重特大事故。

一、《安全生产法》

2002 年 11 月 1 日起施行的《安全生产法》，是各类企业安全生产和各级政府实施监督管理的最为重要的一部法律。《安全生产法》分为七章九十七条，对企业的安全生产和政府部门的安全生产监督管理作了明确的规定。以下是《安全生产法》的部分条款：

第二条　在中华人民共和国领域内从事生产经营活动的单位（以下统称生产经营单位）的安全生产，适用本法。

第三条　安全生产管理，坚持“安全第一，预防为主”的方针。

第四条　生产经营单位必须遵守本法和其他有关安全生产的法律、法规，加强安全生产管理，建立、健全安全生产责任制度，完善安全生产条件，确保安全生产。

第五条　生产经营单位的主要负责人对本单位的安全生产工作全面负责。

第六条　生产经营单位的从业人员有依法获得安全生产保障的权利，并应当依法履行安全生产方面的义务。

第七条　工会依法组织职工参加本单位安全生产工作的民主管理和民主监督，维护职工在安全生产方面的合法权益。

第十条　国务院有关部门应当按照保障安全生产的要求，依法及时制定有关的国家标准或者行业标准，并根据科技进步和经济发展适时修订。

生产经营单位必须执行依法制定的保障安全生产的国家标准或者行业标准。

第十六条　生产经营单位应当具备本法和有关法律、行政法规和国家标准或者行业标准规定的安全生产条件；不具备安全生产条件的，不得从事生产经营活动。

第十七条　生产经营单位的主要负责人对本单位安全生产工作负有下列职责：

（一）建立、健全本单位安全生产责任制；

（二）组织制定本单位安全生产规章制度和操作规程；

（三）保证本单位安全生产投入的有效实施；

（四）督促、检查本单位的安全生产工作，及时消除生产安全事故隐患；

（五）组织制定并实施本单位的生产安全事故应急救援预案；

（六）及时、如实报告生产安全事故。

第十八条　生产经营单位应当具备的安全生产条件所必需的资金投入，由生产经营单位的决策机构、主要负责人或者个人经营的投资人予以保证，并对由于安全生产所必需的资金投入不足导致的后果承担责任。

第十九条　矿山、建筑施工单位和危险物品的生产、经营、储存单位，应当设置安全生产管理机构或者配备专职安全生产管理人员。

前款规定以外的其他生产经营单位，从业人员超过三百人的，应当设置安全生产管理机构或者配备专职安全生产管理人员；从业人员在三百人以下的，应当配备专职或者兼职的安全生产管理人员，或者委托具有国家规定的相关专业技术资格的工程技术人员提供安全生产管理服务。

生产经营单位依照前款规定委托工程技术人员提供安全生产管理服务的，保证安全生产的责任仍由本单位负责。

第二十条　生产经营单位的主要负责人和安全生产管理人员必须具备与本单位所从事的生产经营活动相应的安全生产知识和管理能力。

第二十一条　生产经营单位应当对从业人员进行安全生产教育和培训，保证从业人员具备必要的安全生产知识，熟悉有关的安全生产规章制度和安全操作规程，掌握本岗位的安全操作技能。未经安全生产教育和培训合格的从业人员，不得上岗作业。

第二十二条　生产经营单位采用新工艺、新技术、新材料或者使用新设备，必须了解、掌握其安全技术特性，采取有效的安全防护措施，并对从业人员进行专门的安全生产教育和培训。

第二十三条　生产经营单位的特种作业人员必须按照国家有关规定经专门的安全作业培训，取得特种作业操作资格证书，方可上岗作业。

第二十四条　生产经营单位新建、改建、扩建工程项目（以下统称建设项目）的安全设施，必须与主体工程同时设计、同时施工、同时投入生产和使用。安全设施投资应当纳入建设项目概算。

第二十八条　生产经营单位应当在有较大危险因素的生产经营场所和有关设施、设备上，设置明显的安全警示标志。

第二十九条　安全设备的设计、制造、安装、使用、检测、维修、改造和报废，应当符合国家标准或者行业标准。

生产经营单位必须对安全设备进行经常性维护、保养，并定期检测，保证正常运转。维护、保养、检测应当做好记录，并由有关人员签字。

第三十条　生产经营单位使用的涉及生命安全、危险性较大的特种设备，以及危险物品的容器、运输工具，必须按照国家有关规定，由专业生产单位生产，并经取得专业资质的检测、检验机构检测、检验合格，取得安全使用证或者安全标志，方可投入使用。检测、检验机构对检测、检验结果负责。

第三十一条　国家对严重危及生产安全的工艺、设备实行淘汰制度。

生产经营单位不得使用国家明令淘汰、禁止使用的危及生产安全的工艺、设备。

第三十三条　生产经营单位对重大危险源应当登记建档，进行定期检测、评估、监控，并制定应急预案，告知从业人员和相关人员在紧急情况下应当采取的应急措施。

生产经营单位应当按照国家有关规定将本单位重大危险源及有关安全措施、应急措施报有关地方人民政府负责安全生产监督管理的部门和有关部门备案。

第三十四条　生产、经营、储存、使用危险物品的车间、商店、仓库不得与员工宿舍在同一座建筑物内，并应当与员工宿舍保持安全距离。

生产经营场所和员工宿舍应当设有符合紧急疏散要求、标志明显、保持畅通的出口。禁止封闭、堵塞生产经营场所或者员工宿舍的出口。

第三十五条　生产经营单位进行爆破、吊装等危险作业，应当安排专门人员进行现场安全管理，确保操作规程的遵守和安全措施的落实。

第三十六条　生产经营单位应当教育和督促从业人员严格执行本单位的安全生产规章制度和安全操作规程；并向从业人员如实告知作业场所和工作岗位存在的危险因素、防范措施以及事故应急措施。

第三十七条　生产经营单位必须为从业人员提供符合国家标准或者行业标准的劳动防护用品，并监督、教育从业人员按照使用规则佩戴、使用。

第三十八条　生产经营单位的安全生产管理人员应当根据本单位的生产经营特点，对安全生产状况进行经常性检查；对检查中发现的安全问题，应当立即处理；不能处理的，应当及时报告本单位有关负责人。检查及处理情况应当记录在案。

第三十九条　生产经营单位应当安排用于配备劳动防护用品、进行安全生产培训的经费。

第四十条　两个以上生产经营单位在同一作业区域内进行生产经营活动，可能危及对方生产安全的，应当签订安全生产管理协议，明确各自的安全生产管理职责和应当采取的安全措施，并指定专职安全生产管理人员进行安全检查与协调。

第四十一条　生产经营单位不得将生产经营项目、场所、设备发包或者出租给不具备安全生产条件或者相应资质的单位或者个人。

生产经营项目、场所有多个承包单位、承租单位的，生产经营单位应当与承包单位、承租单位签订专门的安全生产管理协议，或者在承包合同、租赁合同中约定各自的安全生产管理职责；生产经营单位对承包单位、承租单位的安全生产工作统一协调、管理。

第四十二条　生产经营单位发生重大生产安全事故时，单位的主要负责人应当立即组织抢救，并不得在事故调查处理期间擅离职守。

第四十三条　生产经营单位必须依法参加工伤社会保险，为从业人员缴纳保险费。

第七十条　生产经营单位发生生产安全事故后，事故现场有关人员应当立即报告本单位负责人。

单位负责人接到事故报告后，应当迅速采取有效措施，组织抢救，防止事故扩大，减少人员伤亡和财产损失，并按照国家有关规定立即如实报告当地负有安全生产监督管理职责的部门，不得隐瞒不报、谎报或者拖延不报，不得故意破坏事故现场、毁灭有关证据。

第八十二条　生产经营单位有下列行为之一的，责令限期改正；逾期未改正的，责令停产停业整顿，可以并处二万元以下的罚款：

（一）未按照规定设立安全生产管理机构或者配备安全生产管理人员的；

（二）危险物品的生产、经营、储存单位以及矿山、建筑施工单位的主要负责人和安全生产管理人员未按照规定经考核合格的；

（三）未按照本法第二十一条、第二十二条的规定对从业人员进行安全生产教育和培训，或者未按照本法第三十六条的规定如实告知从业人员有关的安全生产事项的；

（四）特种作业人员未按照规定经专门的安全作业培训并取得特种作业操作资格证书，上岗作业的。

第九十七条　本法自 2002 年 11 月 1 日起施行。

二、《职业病防治法》

《职业病防治法》于 2001 年 10 月 27 日第九届全国人大常委会第

二十四次会议通过，2002 年 5 月 1 日起施行。制定《职业病防治法》的目的，是为了预防、控制和消除职业病危害，防治职业病，保护劳动者健康及其相关权益，促进经济发展。以下是《职业病防治法》的部分条款：

第二条　本法适用于中华人民共和国领域内的职业病防治活动。

本法所称职业病，是指企业、事业单位和个体经济组织（以下统称用人单位）的劳动者在职业活动中，因接触粉尘、放射性物质和其他有毒、有害物质等因素而引起的疾病。

第三条　职业病防治工作坚持预防为主、防治结合的方针，实行分类管理、综合治理。

第四条　劳动者依法享有职业卫生保护的权利。

用人单位应当为劳动者创造符合国家职业卫生标准和卫生要求的工作环境和条件，并采取措施保障劳动者获得职业卫生保护。

第五条　用人单位应当建立、健全职业病防治责任制，加强对职业病防治的管理，提高职业病防治水平，对本单位产生的职业病危害承担责任。

第六条　用人单位必须依法参加工伤社会保险。

第十三条　产生职业病危害的用人单位的设立除应当符合法律、行政法规规定的设立条件外，其工作场所还应当符合下列职业卫生要求：

（一）职业病危害因素的强度或者浓度符合国家职业卫生标准；

（二）有与职业病危害防护相适应的设施；

（三）生产布局合理，符合有害与无害作业分开的原则；

（四）有配套的更衣间、洗浴间、孕妇休息间等卫生设施；

（五）设备、工具、用具等设施符合保护劳动者生理、心理健康的要求；

（六）法律、行政法规和国务院卫生行政部门关于保护劳动者健康的其他要求。

第十六条　建设项目的职业病防护设施所需费用应当纳入建设项目工程预算，并与主体工程同时设计，同时施工，同时投入生产和使用。

职业病危害严重的建设项目的防护设施设计，应当经卫生行政部门进行卫生审查，符合国家职业卫生标准和卫生要求的，方可施工。

建设项目在竣工验收前，建设单位应当进行职业病危害控制效果评价。建设项目竣工验收时，其职业病防护设施经卫生行政部门验收合格后，方可投入正式生产和使用。

第十九条　用人单位应当采取下列职业病防治管理措施：

（一）设置或者指定职业卫生管理机构或者组织，配备专职或者兼职的职业卫生专业人员，负责本单位的职业病防治工作；

（二）制定职业病防治计划和实施方案；

（三）建立、健全职业卫生管理制度和操作规程；

（四）建立、健全职业卫生档案和劳动者健康监护档案；

（五）建立、健全工作场所职业病危害因素监测及评价制度；

（六）建立、健全职业病危害事故应急救援预案。

第二十条　用人单位必须采用有效的职业病防护设施，并为劳动者提供个人使用的职业病防护用品。

用人单位为劳动者个人提供的职业病防护用品必须符合防治职业病的要求；不符合要求的，不得使用。

第二十一条　用人单位应当优先采用有利于防治职业病和保护劳动者健康的新技术、新工艺、新材料，逐步替代职业病危害严重的技术、工艺、材料。

第二十二条　产生职业病危害的用人单位，应当在醒目位置设置公告栏，公布有关职业病防治的规章制度、操作规程、职业病危害事故应急救援措施和工作场所职业病危害因素检测结果。

对产生严重职业病危害的作业岗位，应当在其醒目位置，设置警示标识和中文警示说明。警示说明应当载明产生职业病危害的种类、后果、预防以及应急救治措施等内容。

第二十三条　对可能发生急性职业损伤的有毒、有害工作场所，用人单位应当设置报警装置，配置现场急救用品、冲洗设备、应急撤离通道和必要的泄险区。

对放射工作场所和放射性同位素的运输、储存，用人单位必须配置防护设备和报警装置，保证接触放射线的工作人员佩戴个人剂量计。

对职业病防护设备、应急救援设施和个人使用的职业病防护用品，用人单位应当进行经常性的维护、检修，定期检测其性能和效果，确保其处于正常状态，不得擅自拆除或者停止使用。

第二十四条　用人单位应当实施由专人负责的职业病危害因素日常监测，并确保监测系统处于正常运行状态。

用人单位应当按照国务院卫生行政部门的规定，定期对工作场所进行职业病危害因素检测、评价。检测、评价结果存入用人单位职业卫生档案，定期向所在地卫生行政部门报告并向劳动者公布。

第二十五条　向用人单位提供可能产生职业病危害的设备的，应当提供中文说明书，并在设备的醒目位置设置警示标识和中文警示说明。警示说明应当载明设备性能、可能产生的职业病危害、安全操作和维护注意事项、职业病防护以及应急救治措施等内容。

第二十七条 任何单位和个人不得生产、经营、进口和使用国家明令禁止使用的可能产生职业病危害的设备或者材料。

第二十八条 任何单位和个人不得将产生职业病危害的作业转移给不具备职业病防护条件的单位和个人。不具备职业病防护条件的单位和个人不得接受产生职业病危害的作业。

第二十九条 用人单位对采用的技术、工艺、材料，应当知悉其产生的职业病危害，对有职业病危害的技术、工艺、材料隐瞒其危害而采用的，对所造成的职业病危害后果承担责任。

第三十条 用人单位与劳动者订立劳动合同（含聘用合同，下同）时，应当将工作过程中可能产生的职业病危害及其后果、职业病防护措施和待遇等如实告知劳动者，并在劳动合同中写明，不得隐瞒或者欺骗。

劳动者在已订立劳动合同期间因工作岗位或者工作内容变更，从事与所订立劳动合同中未告知的存在职业病危害的作业时，用人单位应当依照前款规定，向劳动者履行如实告知的义务，并协商变更原劳动合同相关条款。

用人单位违反前两款规定的，劳动者有权拒绝从事存在职业病危害的作业，用人单位不得因此解除或者终止与劳动者所订立的劳动合同。

第三十一条 用人单位的负责人应当接受职业卫生培训，遵守职业病防治法律、法规，依法组织本单位的职业病防治工作。

用人单位应当对劳动者进行上岗前的职业卫生培训和在岗期间的定期职业卫生培训，普及职业卫生知识，督促劳动者遵守职业病防治法律、法规、规章和操作规程，指导劳动者正确使用职业病防护设备和个人使用的职业病防护用品。

劳动者应当学习和掌握相关的职业卫生知识，遵守职业病防治法律、法规、规章和操作规程，正确使用、维护职业病防护设备和个人使用的职业病防护用品，发现职业病危害事故隐患应当及时报告。

劳动者不履行前款规定义务的，用人单位应当对其进行教育。

第三十二条　对从事接触职业病危害的作业的劳动者，用人单位应当按照国务院卫生行政部门的规定组织上岗前、在岗期间和离岗时的职业健康检查，并将检查结果如实告知劳动者。职业健康检查费用由用人单位承担。

用人单位不得安排未经上岗前职业健康检查的劳动者从事接触职业病危害的作业；不得安排有职业禁忌的劳动者从事其所禁忌的作业；对在职业健康检查中发现有与所从事的职业相关的健康损害的劳动者，应当调离原工作岗位，并妥善安置；对未进行离岗前职业健康检查的劳动者不得解除或者终止与其订立的劳动合同。

第三十三条　用人单位应当为劳动者建立职业健康监护档案，并按照规定的期限妥善保存。

职业健康监护档案应当包括劳动者的职业史、职业病危害接触史、职业健康检查结果和职业病诊疗等有关个人健康资料。

劳动者离开用人单位时，有权索取本人职业健康监护档案复印件，用人单位应当如实、无偿提供，并在所提供的复印件上签章。

第三十四条　发生或者可能发生急性职业病危害事故时，用人单位应当立即采取应急救援和控制措施，并及时报告所在地卫生行政部门和有关部门。卫生行政部门接到报告后，应当及时会同有关部门组织调查处理；必要时，可以采取临时控制措施。

第三十五条　用人单位不得安排未成年工从事接触职业病危害的作业；不得安排孕期、哺乳期的女职工从事对本人和胎儿、婴儿有危害的作业。

第四十三条　用人单位和医疗卫生机构发现职业病病人或者疑似职业病病人时，应当及时向所在地卫生行政部门报告。确诊为职业病的，用人单位还应当向所在地劳动保障行政部门报告。

第五十条　职业病病人依法享受国家规定的职业病待遇。

用人单位应当按照国家有关规定，安排职业病病人进行治疗、康复和定期检查。

用人单位对不适宜继续从事原工作的职业病病人，应当调离原岗位，并妥善安置。

用人单位对从事接触职业病危害的作业的劳动者，应当给予适当岗位津贴。

第五十一条　职业病病人的诊疗、康复费用，伤残以及丧失劳动能力的职业病病人的社会保障，按照国家有关工伤社会保险的规定执行。

第七十九条　本法自 2002 年 5 月 1 日起施行。

三、《突发事件应对法》

2007 年 8 月 30 日，全国人大常务委员会第二十九次会议通过《中华人民共和国突发事件应对法》（中华人民共和国主席令第 69 号），并于 2007 年 11 月 1 日起施行。《突发事件应对法》分为七章七十条。制定该法的目的，是为了预防和减少突发事件的发生，控制、减轻和消除突发事件引起的严重社会危害，规范突发事件应对活动，保护人民生命财产安全，维护国家安全、公共安全、环境安全和社会秩序。以下是《突发事件应对法》的部分条款：

第十一条　有关人民政府及其部门采取的应对突发事件的措施，应当与突发事件可能造成的社会危害的性质、程度和范围相适应；有多种措施可供选择的，应当选择有利于最大程度地保护公民、法人和其他组织权益的措施。

公民、法人和其他组织有义务参与突发事件应对工作。

第十二条　有关人民政府及其部门为应对突发事件，可以征用单位和个人的财产。被征用的财产在使用完毕或者突发事件应急处置工作结束后，应当及时返还。财产被征用或者征用后毁损、灭失的，应当给予补偿。

第二十二条　所有单位应当建立健全安全管理制度，定期检查本单位各项安全防范措施的落实情况，及时消除事故隐患；掌握并及时处理本单位存在的可能引发社会安全事件的问题，防止矛盾激化和事态扩大；对本单位可能发生的突发事件和采取安全防范措施的情况，应当按照规定及时向所在地人民政府或者人民政府有关部门报告。

第二十三条　矿山、建筑施工单位和易燃易爆物品、危险化学品、放射性物品等危险物品的生产、经营、储运、使用单位，应当制定具体应急预案，并对生产经营场所、有危险物品的建筑物、构筑物及周边环境开展隐患排查，及时采取措施消除隐患，防止发生突发事件。

第六十四条　有关单位有下列情形之一的，由所在地履行统一领导职责的人民政府责令停产停业，暂扣或者吊销许可证或者营业执照，并处五万元以上二十万元以下的罚款；构成违反治安管理行为的，由公安机关依法给予处罚：

（一）未按规定采取预防措施，导致发生严重突发事件的；

（二）未及时消除已发现的可能引发突发事件的隐患，导致发生严重突发事件的；

（三）未做好应急设备、设施日常维护、检测工作，导致发生严重突发事件或者突发事件危害扩大的；

（四）突发事件发生后，不及时组织开展应急救援工作，造成严重后果的。

前款规定的行为，其他法律、行政法规规定由人民政府有关部门依法决定处罚的，从其规定。

第六十六条　单位或者个人违反本法规定，不服从所在地人民政府及其有关部门发布的决定、命令或者不配合其依法采取的措施，构成违反治安管理行为的，由公安机关依法给予处罚。

第六十七条　单位或者个人违反本法规定，导致突发事件发生或者危害扩大，给他人人身、财产造成损害的，应当依法承担民事责任。

第六十八条　违反本法规定，构成犯罪的，依法追究刑事责任。

第七十条　本法自 2007 年 11 月 1 日起施行。

四、《特种设备安全监察条例》

2003 年 3 月 11 日，国务院颁发《特种设备安全监察条例》（国务院令第 373 号），对特种设备的范围、生产、安全监察等事项作了明确规定。制定《特种设备安全监察条例》的目的，是为了加强特种设备的安全监察，防止和减少事故，保障人民群众生命和财产安全，促进经济发展。以下是《特种设备安全监察条例》的部分内容：

第二条　本条例所称特种设备是指涉及生命安全、危险性较大的锅炉、压力容器（含气瓶，下同）、压力管道、电梯、起重机械、客运索道、大型游乐设施。

第五条　特种设备生产、使用单位应当建立健全特种设备安全管理制度和岗位安全责任制度。

特种设备生产、使用单位的主要负责人应当对本单位特种设备的安全全面负责。

特种设备生产、使用单位和特种设备检验检测机构，应当接受特种设备安全监督管理部门依法进行的特种设备安全监察。

第八条　国家鼓励推行科学的管理方法，采用先进技术，提高特种设备安全性能和管理水平，增强特种设备生产、使用单位防范事故的能力，对取得显著成绩的单位和个人，给予奖励。

第二十三条　特种设备使用单位，应当严格执行本条例和有关安全生产的法律、行政法规的规定，保证特种设备的安全使用。

第二十四条　特种设备使用单位应当使用符合安全技术规范要求的特种设备。特种设备投入使用前，使用单位应当核对其是否附有本条例第十五条规定的相关文件。

第二十五条　特种设备在投入使用前或者投入使用后30日内，特种设备使用单位应当向直辖市或者设区的市的特种设备安全监督管理部门登记。登记标志应当置于或者附着于该特种设备的显著位置。

第二十六条　特种设备使用单位应当建立特种设备安全技术档案。安全技术档案应当包括以下内容：

（一）特种设备的设计文件、制造单位、产品质量合格证明、使用维护说明等文件以及安装技术文件和资料；

（二）特种设备的定期检验和定期自行检查的记录；

（三）特种设备的日常使用状况记录；

（四）特种设备及其安全附件、安全保护装置、测量调控装置及有关附属仪器仪表的日常维护保养记录；

（五）特种设备运行故障和事故记录。

第二十七条　特种设备使用单位应当对在用特种设备进行经常性日常维护保养，并定期自行检查。

特种设备使用单位对在用特种设备应当至少每月进行一次自行检查，并作出记录。特种设备使用单位对在用特种设备进行自行检查和日常维护保养时发现异常情况的，应当及时处理。

特种设备使用单位应当对在用特种设备的安全附件、安全保护装置、测量调控装置及有关附属仪器仪表进行定期校验、检修，并作出记录。

第二十八条　特种设备使用单位应当按照安全技术规范的定期检验要求，在安全检验合格有效期届满前1个月向特种设备检验检测机构提出定期检验要求。

检验检测机构接到定期检验要求后，应当按照安全技术规范的要求及时进行检验。未经定期检验或者检验不合格的特种设备，不得继续使用。

第二十九条　特种设备出现故障或者发生异常情况，使用单位应当对其进行全面检查，消除事故隐患后，方可重新投入使用。

第三十条　特种设备存在严重事故隐患，无改造、维修价值，或者超过安全技术规范规定使用年限，特种设备使用单位应当及时予以报废，并应当向原登记的特种设备安全监督管理部门办理注销。

第三十一条　特种设备使用单位应当制定特种设备的事故应急措施和救援预案。

第三十九条　锅炉、压力容器、电梯、起重机械、客运索道、大型游乐设施的作业人员及其相关管理人员（以下统称特种设备作业人员），应当按照国家有关规定经特种设备安全监督管理部门考核合格，取得国家统一格式的特种作业人员证书，方可从事相应的作业或者管理工作。

第四十条　特种设备使用单位应当对特种设备作业人员进行特种设备安全教育和培训，保证特种设备作业人员具备必要的特种设备安全作业知识。

特种设备作业人员在作业中应当严格执行特种设备的操作规程和有关的安全规章制度。

第四十一条　特种设备作业人员在作业过程中发现事故隐患或者其他不安全因素，应当立即向现场安全管理人员和单位有关负责人报告。

第六十四条　未经许可，擅自从事压力容器设计活动的，由特种设备安全监督管理部门予以取缔，处 5 万元以上 20 万元以下罚款；有违法所得的，没收违法所得；触犯刑律的，对负有责任的主管人员和其他直接责任人员依照刑法关于非法经营罪或者其他罪的规定，依法追究刑事责任。

第六十五条　锅炉、气瓶、氧舱和客运索道、大型游乐设施的设计文件，未经国务院特种设备安全监督管理部门核准的检验检测机构鉴定，擅自用于制造的，由特种设备安全监督管理部门责令改正，没收非法制造的产品，处5万元以上20万元以下罚款；触犯刑律的，对负有责任的主管人员和其他直接责任人员依照刑法关于生产、销售伪劣产品罪、非法经营罪或者其他罪的规定，依法追究刑事责任。

第六十六条　按照安全技术规范的要求应当进行型式试验的特种设备产品、部件或者试制特种设备新产品、新部件，未进行整机或者部件型式试验的，由特种设备安全监督管理部门责令限期改正；逾期未改正的，处2万元以上10万元以下罚款。

第六十七条　未经许可，擅自从事锅炉、压力容器、电梯、起重机械、客运索道、大型游乐设施及其安全附件、安全保护装置的制造、安装、改造以及压力管道元件的制造活动的，由特种设备安全监督管理部门予以取缔，没收非法制造的产品，已经实施安装、改造的，责令恢复原状或者责令限期由取得许可的单位重新安装、改造，处5万元以上20万元以下罚款；触犯刑律的，对负有责任的主管人员和其他直接责任人员依照刑法关于生产、销售伪劣产品罪、非法经营罪、重大责任事故罪或者其他罪的规定，依法追究刑事责任。

第六十八条　特种设备出厂时，未按照安全技术规范的要求附有设计文件、产品质量合格证明、安装及使用维修说明、监督检验证明等文件的，由特种设备安全监督管理部门责令改正；情节严重的，责令停止生产、销售，处违法生产、销售货值金额30%以下罚款；有违法所得的，没收违法所得。

第六十九条　未经许可，擅自从事锅炉、压力容器、电梯、起重机械、客运索道、大型游乐设施的维修或者日常维护保养的，由特种设备安全监督管理部门予以取缔，处1万元以上5万元以下罚款；有违法所得的，没收违法所得；触犯刑律的，对负有责任的主管人员和其他直接责任人员依照刑法关于非法经营罪、重大责任事故罪或者其他罪的规定，依法追究刑事责任。

第七十条　锅炉、压力容器、电梯、起重机械、客运索道、大型游乐设施的安装、改造、维修的施工单位，在施工前未将拟进行的特种设备安装、改造、维修情况书面告知直辖市或者设区的市的特种设备安全监督管理部门即行施工的，或者在验收后30日内未将有关技术资料移交锅炉、压力容器、电梯、起重机械、客运索道、大型游乐设施的使用单位的，由特种设备安全监督管理部门责令限期改正；逾期未改正的，处2 000元以上1万元以下罚款。

第七十一条　锅炉、压力容器、压力管道元件、起重机械、大型游乐设施的制造过程和锅炉、压力容器、电梯、起重机械、客运索道、大型游乐设施的安装、改造、重大维修过程，未经国务院特种设备安全监督管理部门核准的检验检测机构按照安全技术规范的要求进行监督检验，出厂或者交付使用的，由特种设备安全监督管理部门责令改正，没收违法生产、销售的产品，已经实施安装、改造或者重大维修的，责令限期进行监督检验，处5万元以上20万元以下的罚款；有违法所得的，没收违法所得；情节严重的，撤销制造、安装、改造或者维修单位已经取得的许可，并由工商行政管理部门吊销其营业执照；触犯刑律的，对负有责任的主管人员和其他直接责任人员依照刑法关于生产、销售伪劣产品罪或者其他罪的规定，依法追究刑事责任。

第七十二条　未经许可，擅自从事气瓶充装活动的，由特种设备安全监督管理部门予以取缔，没收违法充装的气瓶，处5万元以上

20万元以下罚款；有违法所得的，没收违法所得；触犯刑律的，对负有责任的主管人员和其他直接责任人员依照刑法关于非法经营罪或者其他罪的规定，依法追究刑事责任。

第七十四条　特种设备使用单位有下列情形之一的，由特种设备安全监督管理部门责令限期改正；逾期未改正的，处2 000元以上2万元以下罚款；情节严重的，责令停止使用或者停产停业整顿：

（一）特种设备投入使用前或者投入使用后30日内，未向特种设备安全监督管理部门登记，擅自将其投入使用的；

（二）未依照本条例第二十六条的规定，建立特种设备安全技术档案的；

（三）未依照本条例第二十七条的规定，对在用特种设备进行经常性日常维护保养和定期自行检查的，或者对在用特种设备的安全附件、安全保护装置、测量调控装置及有关附属仪器仪表进行定期校验、检修，并作出记录的；

（四）未按照安全技术规范的定期检验要求，在安全检验合格有效期届满前1个月向特种设备检验检测机构提出定期检验要求的；

（五）使用未经定期检验或者检验不合格的特种设备的；

（六）特种设备出现故障或者发生异常情况，未对其进行全面检查、消除事故隐患，继续投入使用的；

（七）未制定特种设备的事故应急措施和救援预案的；

（八）未依照本条例第三十二条第二款的规定，对电梯进行清洁、润滑、调整和检查的。

第七十五条　特种设备存在严重事故隐患，无改造、维修价值，或者超过安全技术规范规定的使用年限，特种设备使用单位未予以报废，并向原登记的特种设备安全监督管理部门办理注销的，由特种设备安全监督管理部门责令限期改正；逾期未改正的，处5万元以上20万元以下罚款。

第七十七条　特种设备使用单位有下列情形之一的，由特种设备安全监督管理部门责令限期改正；逾期未改正的，责令停止使用或者停产停业整顿，处2 000元以上2万元以下罚款：

（一）未依照本条例规定设置特种设备安全管理机构或者配备专职、兼职的安全管理人员的；

（二）从事特种设备作业的人员，未取得相应特种作业人员证书，上岗作业的；

（三）未对特种设备作业人员进行特种设备安全教育和培训的。

第七十八条　特种设备使用单位的主要负责人在本单位发生重大特种设备事故时，不立即组织抢救或者在事故调查处理期间擅离职守或者逃匿的，给予降职、撤职的处分；触犯刑律的，依照刑法关于重大责任事故罪或者其他罪的规定，依法追究刑事责任。

特种设备使用单位的主要负责人对特种设备事故隐瞒不报、谎报或者拖延不报的，依照前款规定处罚。

第七十九条　特种设备作业人员违反特种设备的操作规程和有关的安全规章制度操作，或者在作业过程中发现事故隐患或者其他不安全因素，未立即向现场安全管理人员和单位有关负责人报告的，由特种设备使用单位给予批评教育、处分；触犯刑律的，依照刑法关于重大责任事故罪或者其他罪的规定，依法追究刑事责任。

五、《生产安全事故报告和调查处理条例》

2007年4月9日，国务院公布《生产安全事故报告和调查处理条例》(国务院令第493号)，自2007年6月1日起施行。《生产安全事故报告和调查处理条例》是我国第一部全面规范事故报告和调查处理的基本法规，对事故等级、事故报告内容、事故调查处理等事项作了明确规定。以下是《生产安全事故报告和调查处理条例》的部分内容：

第二条 生产经营活动中发生的造成人身伤亡或者直接经济损失的生产安全事故的报告和调查处理，适用本条例。

第三条 根据生产安全事故（以下简称事故）造成的人员伤亡或者直接经济损失，事故一般分为以下等级：

（一）特别重大事故，是指造成30人以上死亡，或者100人以上重伤（包括急性工业中毒，下同），或者1亿元以上直接经济损失的事故；

（二）重大事故，是指造成10人以上30人以下死亡，或者50人以上100人以下重伤，或者5 000万元以上1亿元以下直接经济损失的事故；

（三）较大事故，是指造成3人以上10人以下死亡，或者10人以上50人以下重伤，或者1 000万元以上5 000万元以下直接经济损失的事故；

（四）一般事故，是指造成3人以下死亡，或者10人以下重伤，或者1 000万元以下直接经济损失的事故。

第四条 事故报告应当及时、准确、完整，任何单位和个人对事故不得迟报、漏报、谎报或者瞒报。

第九条 事故发生后，事故现场有关人员应当立即向本单位负责人报告；单位负责人接到报告后，应当于1小时内向事故发生地县级以上人民政府安全生产监督管理部门和负有安全生产监督管理职责的有关部门报告。

情况紧急时，事故现场有关人员可以直接向事故发生地县级以上人民政府安全生产监督管理部门和负有安全生产监督管理职责的有关部门报告。

第十二条　报告事故应当包括下列内容：

（一）事故发生单位概况；

（二）事故发生的时间、地点以及事故现场情况；

（三）事故的简要经过；

（四）事故已经造成或者可能造成的伤亡人数（包括下落不明的人数）和初步估计的直接经济损失；

（五）已经采取的措施；

（六）其他应当报告的情况。

第十三条　事故报告后出现新情况的，应当及时补报。

自事故发生之日起30日内，事故造成的伤亡人数发生变化的，应当及时补报。道路交通事故、火灾事故自发生之日起7日内，事故造成的伤亡人数发生变化的，应当及时补报。

第十四条　事故发生单位负责人接到事故报告后，应当立即启动事故相应应急预案，或者采取有效措施，组织抢救，防止事故扩大，减少人员伤亡和财产损失。

第十六条　事故发生后，有关单位和人员应当妥善保护事故现场以及相关证据，任何单位和个人不得破坏事故现场、毁灭相关证据。

因抢救人员、防止事故扩大以及疏通交通等原因，需要移动事故现场物件的，应当做出标志，绘制现场简图并做出书面记录，妥善保存现场重要痕迹、物证。

第四十六条　本条例自2007年6月1日起施行。国务院1989年3月29日公布的《特别重大事故调查程序暂行规定》和1991年2月22日公布的《企业职工伤亡事故报告和处理规定》同时废止。

第二节　机械制造与加工企业安全生产事故隐患治理的相关规章

为了保证机械制造与加工企业的安全生产，国家安全生产监督管理总局发布了一系列部门规章，如《安全生产事故隐患排查治理暂行规定》《机械制造企业安全质量标准化考核评级办法》《机械制造企业安全质量标准化考核评级标准》等，规范了机械制造与加工企业的安全生产，促进了机械制造与加工企业安全管理水平的提高。

一、《安全生产事故隐患排查治理暂行规定》

2007年11月，国家安全生产监督管理总局发布《安全生产事故隐患排查治理暂行规定》（国家安全生产监督管理总局令第16号），并于2008年2月1日起施行。制定并施行《安全生产事故隐患排查治理暂行规定》的目的，是为了建立安全生产事故隐患排查治理长效机制，强化安全生产主体责任，加强事故隐患监督管理，防止和减少事故，保障人民群众生命财产安全。（全文详见附录2）

二、关于机械制造等行业（领域）企业2008年安全生产隐患排查治理工作实施意见

2008年2月8日，国家安全生产监督管理总局印发《金属和非金属矿山、尾矿库、冶金有色、石油天然气开采、危险化学品、烟花

爆竹、机械制造等行业（领域）企业2008年安全生产隐患排查治理工作实施意见》（安监总协调［2008］35号）。

根据文件，机械制造与加工企业排查治理生产事故隐患的主要内容如下：

1. 建立健全和落实安全生产责任制、规章制度、操作规程情况，进行安全教育培训和人员持证上岗情况，执行建设项目安全“三同时”制度情况，制定应急救援预案和进行演练情况。

2. 储存、使用危险化学品是否按规定取得安全许可并建立严格的安全管理制度。

3. 锅炉、起重机械、工业管道、厂内机动车辆等危险性较大的特种设备是否按规定进行检验检测并建立严格的管理制度。

4. 工业梯台的宽度、角度、梯级间隔，护笼设置，护栏高度等是否符合要求；结构件是否有松脱、裂纹、扭曲、腐蚀、凹陷或凸出等严重变形；梯脚防滑措施、轮子的限位和防移动装置是否完好。

5. 锻造机械中锤头、操纵机构、夹钳、剁刀是否有裂纹，缓冲装置是否灵敏可靠，铸造机械是否有足够的强度、刚度及稳定性，管路是否密封良好，控制系统是否灵敏，有无急停开关；防尘、防毒设施是否完好，两类机械的安全装置和防护装置是否齐全可靠。

6. 运输（输送）机械传动部位安全防护装置是否齐全可靠，是否设置急停开关，启动和停止装置标记是否明显，接地线是否符合要求。

7. 金属切削机床的防护罩、盖、栏，防止夹具、卡具松动或脱落的装置，各种限位、联锁、操作手柄是否完好有效；机床电器箱、柜与线路是否符合要求；未加罩旋转部位的楔、销、键是否有凸出；

磨床旋转时是否有明显跳动；车床加工超长料时是否有防弯装置；插床是否设置防止运动停止后滑枕自动下落的配重装置；锯床的锯条外露部分是否有防护罩和安全距离隔离。

8. 冲、剪、压机械的离合器、制动器、紧急停止按钮是否可靠、灵敏，传动外露部分安全防护装置是否齐全可靠，防伤手安全装置是否可靠有效，专用工具是否符合安全要求。

9. 木工机械的限位及联锁装置、旋转部位的防护装置、夹紧或锁紧装置是否灵敏、完好可靠；跑车带锯机是否设置有效的护栏；锯条、锯片、砂轮是否符合规定，安全防护装置是否齐全有效。

10. 装配线的输送机械防护罩（网）是否完好，有无变形和破损；翻转机械的锁紧限位装置是否牢固可靠；吊具、风动工具、电动工具是否符合相关要求；运转小车是否定位准确、夹紧牢固、料架（箱、斗）结构合理，放置平稳；过桥的扶手是否稳固，踏脚高度是否合理，平台防滑是否可靠；地沟入口盖板是否完好无变形，沟内清洁有无积水、积油和障碍物。

11. 砂轮机的砂轮是否有裂纹和破损，托架安装是否牢固可靠，砂轮机的防护罩是否符合要求；砂轮机运行是否平稳可靠、砂轮磨损量是否超标。

12. 电焊机的电源线、焊接电缆与焊接机连接处是否有可靠屏护，保护接地线是否接线正确，连接可靠。

13. 注塑机的防护罩、盖、栏是否牢固且与电气联锁，液压管路连接是否可靠，油箱及管路有无漏油，控制系统开关是否齐全完好。

14. 手持电动工具是否按规定配备漏电保护装置，绝缘电阻、电源线护管及长度是否符合要求，防护罩、手柄是否完好，保护接地线是否连接可靠。风动工具的防松脱锁卡防护罩是否完好，气阀、开关是否完好不漏气，气路密封有无泄漏，气管有无老化、腐蚀。

15. 移动电器绝缘电阻、电源线是否符合要求，防护罩、遮拦、屏护、盖是否完好无松动，开关灵敏是否可靠且与荷载相配备。

16. 各种电气线路的绝缘、屏护良好、导电性能和机械强度符合要求，保护装置齐全可靠，护套软管绝缘良好并与负荷配备，敷设符合要求。

17. 涂装作业场所电气设备防爆、通风、涂料存量、消防设施隔离措施是否符合要求。

18. 作业场所的器具、物料是否摆放整齐，车间车行道和人行道是否符合要求，地面平整整洁有无障碍物，坑、壕、池应设置盖板或护栏；采光照明是否符合要求；消防设施是否符合要求。

三、《机械制造企业安全质量标准化考核评级办法》和《机械制造企业安全质量标准化考核评级标准》

2005 年 1 月 24 日，国家安全生产监督管理总局下发通知，要求把开展机械制造企业安全质量标准化活动列入重要议事日程，采取多种方式推进机械制造企业安全质量标准化活动的开展，从而使企业安全生产基础工作得到全面加强，安全生产面貌从根本上得到改善。为此，国家安全生产监督管理总局组织制定了《机械制造企业安全质量标准化考核评级办法》及《机械制造企业安全质量标准化考核评级标准》（安监管管二字〔2005〕11 号），指导全国机械制造企业开展安全质量标准化活动，切实加强基层和基础工作，促进企业建立自我约束、持续改进的安全生产长效机制。

机械制造企业安全质量标准化考核评级办法适用于各类机械制造

企业。机械制造企业安全质量标准化考核评级，应当按照《机械制造企业安全质量标准化考核评级标准》的要求，采用资料核对、抽查考核和现场查证的方法进行。具体规定如下：

1. 采用资料核对、抽查考核和现场查证的方法

在采用资料核对、抽查考核和现场查证的方法进行时，其中：基础管理考评部分，对人员抽查考核数量不少于现场（或在册）人数的10%；设备设施安全考评部分，按设备设施及物品的拥有量（H）比例进行抽样：

（1）$H \leqslant 10$的，抽100%。

（2）$10 < H \leqslant 100$，抽10台。

（3）$100 < H < 500$，抽10%。

（4）$500 \leqslant H \leqslant 1\,000$，抽50台。

（5）$H > 1\,000$，抽5%。

2. 分数评定

机械制造企业安全质量标准化考核得分以1 000分为满分。

被考核企业的得分计算方法：各项目实得分之和×［1 000÷（1 000以下各空项分之和）］。

3. 安全质量标准化机械制造企业等级划分

安全质量标准化机械制造企业分为3个等级：

一级：安全质量标准化考核得分不少于900分；

二级：安全质量标准化考核得分不少于800分；

三级：安全质量标准化考核得分不少于600分。

各空项分之和超过200分的，不得评为一级安全质量标准化机械制造企业。

4. 考核评级的程序

(1) 按照《机械制造企业安全质量标准化考核评级标准》的要求，企业成立由主要负责人任组长，各相关职能部门以及工会参加的小组进行自评。

(2) 企业自评后，形成自评报告，向承担安全质量标准化复评任务的机构（以下简称复评机构）提出复评申请。申请一级安全质量标准化机械制造企业的，应当向中国机械工业安全卫生协会提出复评申请。

(3) 复评机构收到企业的复评申请后，应按照《机械制造企业安全质量标准化考核评级标准》的要求进行复评，向企业和安全生产监督管理部门提交复评报告。符合相应等级安全质量标准化机械制造企业标准的，由安全生产监督管理部门核准；不符合的，由企业按照复评报告的要求进行整改。

(4) 安全质量标准化机械制造企业实行分级核准制。三级由复评机构报市（地）级安全生产监督管理部门核准；二级由复评机构报省级安全生产监督管理部门核准；一级由中国机械工业安全卫生协会报省级安全生产监督管理部门审核同意后，由省级安全生产监督管理部门报国家局核准。

(5) 安全生产监督管理部门核准后，向企业颁发相应的证书和牌匾，并在有关媒体上予以公布。

5. 安全质量标准化机械制造企业证书和牌匾有效期

安全质量标准化机械制造企业证书和牌匾有效期为 3 年。在 3 年有效期内，企业发生生产安全事故，造成一次死亡 3 人以上（含 3 人）或累计死亡 5 人以上（含 5 人），以及造成较大社会影响的，由原核准部门撤销其安全质量标准化企业称号。

6. 机械制造企业安全质量标准化自评与复评内容

机械制造企业安全质量标准化自评与复评内容，分为三个部分：一是基础管理考评（合计应得分 230 分）；二是设备设施安全考评（合计应得分 600 分）；三是作业环境与职业健康考评（合计应得分 170 分）。

第三节　机械制造与加工企业事故隐患治理的相关制度

企业安全生产规章制度基本上可分为三大类：一是以企业安全生产责任制为核心的全厂性安全生产总则；二是根据本企业的实际情况，制定的各种单项的安全生产规章制度，如安全教育培训制度、安全生产监督检查制度、生产安全事故报告与调查处理制度、特种设备与特种作业安全管理制度、劳动防护用品管理制度、危险化学品安全管理制度、重大危险源和重点部位管理制度、安全生产“三同时”管理制度、设备安全管理制度、作业场所职业安全健康管理制度、消防安全管理制度、安全生产绩效考核激励制度、事故应急救援管理制度等；三是安全操作规程，它是各工种、各岗位操作工的具体操作规范，以及与操作规范相关的具体的安全管理制度，例如交接班制度、巡回检查制度、人员值班制度、设备保养制度、互保制度、危险作业专项审批制度等。下面介绍几种主要的机械制造与加工企业规章制度。

一、安全生产检查办法

制定安全生产检查办法是为了使安全检查工作规范化、制度化，真正起到及时发现问题、揭露事故隐患、控制事故发生的目的。本办法规定了安全检查的方式、内容、程序、时间安排，以及相关单位、部门、人员的职责。

1. 定期检查与不定期检查

安全检查分为定期检查和不定期检查两种形式。定期安全检查包括季度综合性安全检查和专业性安全检查；不定期检查包括日常巡检、临时性检查和各职能部室自行组织的分管业务范围内的安全检查。

定期检查由安全管理部门牵头，各职能部门配合。开展定期安全检查前，由安全管理部门下发检查通知和安排，必要时组织召开预备会。检查结束后，由检查组成员填写“安全检查责任表”，写明隐患部位、隐患内容、整改措施，签署检查者姓名。由安全管理部门负责按隐患类别和整改期限汇总，以书面形式下发隐患整改通知书，同时安全管理部门及相关专业部门要对隐患整改工作进行跟踪督促检查。定期安全检查时间如遇特殊情况需要变动时，由安全管理部门临时决定提前或延期。

2. 综合性安全检查

综合性安全检查规定为每季度开展一次，并与相近的节前安全检查合并同时进行。每次检查由公司总经理和分管安全工作的副总经理为总负责，以各单位人、机、环境和安全管理为内容，进行全面检查，同时根据上级要求和公司安全形势有所侧重。

综合性安全检查采取必检与抽检相结合的形式进行，每次检查不少于 8 个单位。危险化学品使用单位为每次必检单位，其余为抽检单位，抽检单位在检查前由安全管理部门根据实际情况随机抽取确定，保证每个单位一年内最少被检查一次。

3. 专业性安全检查

专业性安全检查包括易燃、易爆（含消防），锅炉压力容器及起重设备（含提升设备及电梯）、电气设备、工程建设项目等专业性安全检查，每年各进行两次。各项专业性安全检查均采取必检与抽检相结合的方式进行。

(1) 易燃易爆（消防）专业性安全检查以危险化学品以及消防工作的安全管理为主要内容。主要由安全管理部门和专业技术人员配合检查。

(2) 锅炉压力容器及起重设备专业性安全检查以相应特种设备的安全管理和运行为内容。主要由设备部门、起重机械检测站、检测中心的专业技术人员配合检查。

(3) 电气专业性安全检查以电气设备、设施的安全管理和运行为主要内容。主要由设备部门的专业技术人员配合检查。

(4) 厂内机动车辆专业性安全检查以安全管理和使用为主要内容。主要由车辆管理部门的专业技术人员配合检查。

(5) 工程建设项目专业性安全检查以新建、改建、扩建和技术改造工程项目的现场管理和安全防护等为主要内容。主要由工程管理部、监理公司的专业技术人员配合检查。

4. 日常巡检与临时性安全检查

日常巡检以人的不安全行为、物的不安全状态、隐患整改情况以及相互沟通信息，协调解决各单位所存在安全问题为内容。主要由各级安全管理人员及相关专业技术人员进行。

临时性安全检查以国家、省、市等上级部门对安全生产工作的要求和公司安全生产工作中的突出问题为内容，由安全管理部门负责根据需要随时组织检查。

各单位及各职能部室要根据分管的业务范围的安全工作需要，负责组织临时性的安全检查和日常巡检，并要形成制度。

以上各类安全检查要将外来施工队伍纳入自己的检查范畴内。

5. 隐患整改

安全检查中查出的事故隐患，检查人员要及时下发隐患整改通知单，并监督按期整改。相关单位接到隐患整改通知书（单）后，要按隐患整改通知书（单）上规定的隐患内容和整改期限，进行认真整改。

整改结束后，要填写“隐患整改核销表”（见附表，略）。主管厂（矿）长在“隐患整改核销表”上签字确认后，将整改结果及时报安全环保部和相关职能部门核销。对隐患已整改而未上报核销的，以未核销论处。

对因客观原因不能及时或暂时无法整改的隐患，相关单位要在“隐患整改核销表”上注明原因及所采取的防范、控制措施，并由单位分管安全的领导认可。

对不能按要求整改的隐患，安全环保部要予以确认，对防范控制予以审查，同意后方可实施。责任单位在采取防范措施后，仍要积极创造条件，抓紧整改，消除隐患。

接到隐患单位的整改核销表（单）后，安全管理部门和各相关职能部门要组织力量对其抽查确认。抽查率要不低于30%。抽查后，抽查人要在“隐患整改核销记录”“隐患抽查记录”上记录、签字。安全管理部门和各二级单位要建立隐患整改台账。

安全管理部门要对定期安全检查和自己牵头组织的临时性安全检查的全过程负责。各职能部门要对分管业务范围内的隐患检查及整改负责。在检查时各职能部门必须按要求保证派人参加，不得缺席，有关人员外出时本部门要安排其他人员参加。各类安全检查情况及查出的重大安全问题或隐患，由安全管理部门汇总，按季度向安全生产委员会汇报。

6. 责任追究与处罚

安全管理部门、各职能部门、各检查组及检查人员必须对安全检查工作高度重视、认真负责，根据自己的检查职责和检查范围，严格按照检查表所规定内容逐条逐项地认真检查，做到不漏检、不漏项。对安全检查认真负责者，要给予一定奖励。

凡有下列行为者要追究相关部门或人员的责任：

(1) 凡因组织不力或检查不认真而留下隐患，造成事故的。

(2) 凡因复查不认真或不复查而留下隐患，造成事故的。

凡对安全检查工作不配合或对查出的隐患未按期整改或隐患整改不彻底的单位，除按照集团公司《经济责任制考核办法》相关条款进行处罚外，每一条隐患扣罚单位季度（半年）安全奖 500～1 000 元，还要追究有关领导和责任人的责任。发生伤亡事故的，要加重处罚。

各单位的整改核销结果还将作为季度（半年）安全奖的一项考核内容以及年终评选先进的一项重要考核内容。在公司组织的各类检查中，如果发现单位核销的隐患未整改或整改不彻底，除追究有关领导责任外，扣罚单位季度（半年）安全奖 1 000～2 000 元。

对于安全检查中发现的重复隐患，每一项扣罚单位季度（半年）安全奖 2 000 元。

二、重大危险源和重点部位管理制度

重大危险源指长期或者临时地生产、搬运、使用或者储存危险物品，且危险物品的数量等于或者超过临界量的单元（包括场所和设施）。一般来说，重大危险源总是涉及易燃、易爆或有毒性的危险物质。

重点部位是指有较大危险因素的生产经营场所、岗位、设施、设备等，可能造成从业人员或其他人员死亡、伤害的危险点。

重大危险源辨识依据《重大危险源辨识》（GB 18218—2000），重点部位、等级划分按规定要求进行辨识。

1. 重大危险源控制

（1）重大危险源辨识。要全面、充分地辨识或确认重大危险源，在物质毒性、燃烧、爆炸特性基础上，依据危险物质及其临界量标准，确定哪些是可能发生事故的潜在危险源，可外请咨询机构专家。

（2）重大危险源评价。在重大危险源辨识和确认后，应对其进行风险评价。

1）辨识各类危险因素及其原因与机制。

2）依次评价已辨识的危险事件发生的概率。

3）评价危险事件的后果。

4）评价危险事件发生概率和发生后果的连贯作用。

5）上述评价结果与安全目标值进行比较，检查风险值是否达到可接受水平，否则需进一步采取措施，降低危险水平。

（3）重大危险源的管理。在对重大危险源进行辨识和评价后，对重大危险源要进行严格控制和管理。应对每一个重大危险源制定出一套严格的安全管理措施，技术措施包括化学品选择，设施设计、建造、运转、维修以及有计划的检查，组织措施包括对人员的培训与指导、提供保证其安全的设备，工作人员水平、工作时间、职责的确定，以及对外部合同工和现场临时工的管理。

（4）重大危险源的安全报告。要求企业应在规定的期限内，对已辨识和评价的重大危险源向政府主管部门提交安全报告。如属新建的有重大危害性的设施，则应在其投入运转之前提交安全报告。安全报告应详细说明重大危险源的情况，可能引发事故的危险因素以及前提条件，安全操作和预防失误的控制措施，可能发生的事故类型，事故发生的可能性及后果，限制事故后果的措施，现场应急计划等。

安全报告应根据重大危险源的变化以及新知识和技术进展的情况进行修改和增补，并由政府主管部门经常进行检查和评审。

（5）制订应急计划。企业应负责制订现场应急计划，并且定期检验和评估现场应急计划和程序的有效程度，并在必要时进行修订。应急计划的目的是抑制突发事件，减少事故对工人、居民和环境的危害。因此，应急计划应提出详尽、实用、明确和有效的技术与组织措施。场外应急计划由政府主管部门根据企业提供的安全报告和有关资料制定。

2. 重点部位控制

重点部位可按下列四级进行划分：

（1）一级危险点。事故发生频率高或一旦发生事故会造成重大人身伤亡事故，引起重大设备事故，重大火灾事故的危险岗位、场所、设备，造成严重职业病危险点等。

（2）二级危险点。事故发生频率较大或容易导致重伤、残疾、多人伤害事故的危险岗位、场所、设备，造成较严重职业病危害点等。

（3）三级危险点。不会导致重伤以上的事故和重大设备、重大火灾事故的发生，但事故较常发生或有较大可能会发生的危险岗位、场所、设备，造成一般职业危险点等。

（4）四级危险点。具有一定的危险性，有可能发生一般伤害事故的岗位、场所、设备等。

危险点的升降级与增减要向主管部门申报。

3. 危险点的确定与控制

生产经营单位应当在有较大危险因素的生产经营场所和有关设施、设备上安装防护设施并设置明显的安全警示标志。在施工现场的危险地区应有警戒标志，夜间要设红灯警示。

灯光标志，要求明亮显眼，文字图形标志，要求明确易懂。各种警示标志，未经有关负责人批准，不得移动和拆除。

（1）各单位应参照危险点的划分标准，结合本单位以前事故案例、生产特点、工艺流程、设备运行情况、作业环境等进行系统分析，研究、选点、布点、设标、建档、控制。

（2）危险点应设立国家规定的安全标志，三级以上危险点必须按级设标志牌。内容包括：危险级别、危险因素、预防措施、责任人。

（3）三级以上的危险点所属单位必须绘制该危险点的危险因素的控制图，详细列出各项潜在危险因素和可能造成的事故，制定防范措施和整改措施。

（4）各级危险点的防范措施应根据本单位历次事故教训和兄弟单位的事故教训、安全技术规程、标准化作业程序进行制定。

（5）一、二级危险点作业人员，必须经专业安全培训合格后方可上岗。一、二级危险点作业人员变更时，必须通知本单位安全管理部门认可后方可变更。

(6) 危险点的控制管理负责人，按照危险点的不同级别分别落实。

(7) 三级以上的危险点由责任人每周组织检查一次、抽查一次，并做好检查记录，对检查发现的问题，应及时整改。重大问题立即上报。

4. 检查与考核

(1) 一级危险点由厂安全生产管理部门负责定期检查、评定。

(2) 二级危险点由厂属二级单位安全生产管理部门负责定期检查、评定。厂安全生产管理部门进行检查。

(3) 三级危险点由二级单位所属工段负责定期检查、评定。厂安全生产管理部门进行检查。

(4) 四级危险点由班组负责检查、评定。厂安全生产管理部门进行检查。

三级以上的危险点，各级组织在各类安全检查活动中均应列作重点检查目标，层层把关，做到共同管理控制。负责危险点检查的单位或责任者，不按规定进行检查的视为失职，失职应追究有关部门和个人的责任。

三、危险化学品安全管理制度

凡使用危险化学品从事生产、经营的单位，其生产、经营条件必须符合国家标准和国家有关规定，并依照国家有关法律、法规的规定取得相应的许可。必须建立、健全危险化学品使用安全管理制度。

1. 使用单位必须按《工作场所安全使用化学品规定》的要求，履行相应职责

（1）购进的危险化学品必须核对“一书一签”，即安全标签和安全技术说明书（MSDS）。

（2）对工作场所使用的危险化学品产生的危害，应定期检测和评估，建立检测档案，作业人员接触的危险化学品浓度不得高于国家相应标准。

（3）在危险化学品生产、经营场所应设有急救设施，并提供应急处理方法。

（4）按国家有关规定清除化学废料和清洗盛装化学品的废旧容器。

（5）使用单位应对盛装、输送、储存危险化学品的设备，采用颜色、标牌、标签等形式，标明其危险性。

（6）将危险化学品的有关安全健康资料向从业人员公开，使从业人员识别标签，了解安全技术说明书，掌握必要的应急处理方法和自救措施。

2. 危险化学品的储存

危险化学品专用仓库，应当符合国家标准对安全、消防的要求，设置明显标志。仓库的储存设备和安全设施应当定期检测。

（1）对生产、经营、储存和使用的危险化学品应根据其种类、特性，在作业场所设置相应的监视、通风、防晒、调温、防火、灭火、防爆、泄压、防毒、防潮、防雷、防静电、防腐、防渗漏、防护围栏等安全操作设施和设备，并按国家有关规定进行维护、保养，保证符合安全运行要求。

（2）一般仓库短期储存危险化学品的，应当保持一定的安全距离，隔离存放，不得超量储存。遇火、遇潮、易燃、易爆的化学品不得在露天、潮湿地点存放，受阳光照射易燃、易爆和筒装、罐装的化学品应在阴凉通风地点存放。

(3) 化学性质、防护方法、灭火方法等相互抵触的危险化学品，绝对不得在同一库内存放，不能超量储存。

(4) 危险化学品仓库的管理人员（含库工）必须进行三级安全生产培训，经考试合格后才能进入仓库进行培训实习。

(5) 储存危险化学品的仓库内严禁吸烟和使用明火。对进入库内的机动车辆必须采取防火措施。

(6) 易燃易爆化学品的储存应当符合公安部《易燃易爆化学物品消防安全监督管理办法》的规定，遵守仓库防火安全管理规则。

3. 危险化学品的运输

对危险化学品的运输必须由国家认定资质的企业承运，其条件符合由国务院交通部门规定的《道路运输经营许可证》《道路运输营运证》《国内船舶运输经营资质管理规定》《汽车危险品运输规则》的要求等。

四、特种设备安全管理制度

特种设备是指由国家认定的，因设备本身和外在因素的影响容易发生事故，并且一旦发生事故会造成人身伤亡及重大经济损失的危险性较大的设备，包括锅炉、压力容器、气瓶、槽车、压力管道、电梯、起重机械、厂内机动车辆、客运索道、游艺机和游乐设施等具有特殊潜在危险性设备的统称。

1. 使用单位必须对特种设备使用和运营的安全负责。使用单位必须使用有生产许可证或者安全认可证的特种设备。对使用的特种设备，必须按照有关要求申请相应的验收检验和定期检验。对本单位的特种设备进行明确标识和登记。分别对各个特种设备作出详细记录并建立档案（应包括使用及年检、维修情况）。

2. 新增特种设备，在投入使用前，使用单位必须持监督检验机构出具的验收检验报告和安全检验合格标志，到所在地区的地、市级以上特种设备安全监察机构注册登记，并将安全检验合格标志固定在特种设备显著位置上以后，方可投入正式使用。

3. 使用单位必须制定并严格执行以特种设备安全使用和运营的管理制度，岗位责任制为核心，包括技术档案管理、安全操作、常规检查、维修保养、定期报检和应急措施等在内容。必须保证特种设备技术档案的完整、准确。

4. 特种设备如遇到可能影响其安全技术性能的自然灾害后或者发生设备事故后，或者停止使用一年以上时，使用单位在再次使用前，应当对其进行全面检查，且必须消除影响安全的隐患。

5. 特种设备作业人员（指特种设备安装、维修保养、操作等作业的人员）必须经专业培训和考核，取得地、市级以上质量技术监督行政部门颁发的特种设备作业人员资格证书后，方可从事相应工作。

6. 使用单位必须对在用特种设备进行日常的维修保养。特种设备的维修保养必须由有资格的人员进行，无特种设备维修保养资格人员的使用单位，必须委托取得特种设备维修保养资格的单位，进行特种设备日常的维修保养。

7. 使用单位应当严格执行特种设备年检、月检、日检等常规检查制度，经检查发现有异常情况时，必须及时处理，严禁带故障运行。检查应当做详细记录，并存档备查。

8. 在用特种设备实行安全技术性能定期检验制度。使用单位必须按期向使用特种设备所在地的监督检查机构申请定期检验，及时更换安全检验合格标志中的有关内容。安全检验合格标志的有效期自签发验收检验或者定期检验合格报告之日起计算。超过有效期的特种设备不得使用。

9. 标准或者技术规程有寿命期限要求的特种设备或者零部件，应当按照相应要求予以报废处理，特种设备进行报废处理后，使用单位应向负责该特种设备注册登记的特种设备安全监察机构报告。

10. 特种设备一旦发生事故，使用单位必须采取紧急救援措施，防止灾害扩大，并按照有关规定及时向当地特种设备安全监察机构及有关部门报告。

11. 在爆炸危险场所使用的特种设备，除执行本规定有关要求之外，还必须符合防爆安全技术要求。

五、特种作业和危险作业安全管理办法

1. 特种作业

特种作业是指容易发生人员伤亡事故，并对操作者本人、他人及周围设施的安全有重大危害的作业。

（1）特种作业的种类。特种作业一般有以下几种：

1）电工作业。

2）金属焊接切割作业。

3）起重机械作业（行车工、把钩工及电梯操作）。

4）企业内机动车辆驾驶。

5）登高架设作业。

6）锅炉作业（含水质化验）。

7）压力容器操作。

8）制冷作业。

9）国家及省规定的其他作业。

（2）特种作业人员要求。直接从事特种作业的人员，称为特种作业人员。特种作业人员必须经过安全教育和安全技术培训，经考核合格后，持证上岗作业。特种作业人员在徒工期内，不得单独作业，必须由师傅监护。未经培训的人员严禁从事特种作业。

（3）特种作业人员基本条件。特种作业人员必须具备以下基本条件：

1）年龄满18周岁。

2）身体健康，无妨碍从事相应工种作业的疾病和生理缺陷。

3）初中以上文化程度，具备相应工种的安全技术知识，参加国家规定的安全技术理论和实际操作考核并成绩合格。

4）符合相应工种作业特点需要的其他条件。

（4）特种作业人员的安全教育培训。特种作业人员必须接受专业的安全教育培训，并经过考试合格。

1）特种作业人员安全技术培训考核按照国家主管部门统一制定的培训考核标准进行。

2）特种作业人员在独立上岗作业前，必须进行与本工种相适应的、专门的安全技术理论学习和实际操作训练。理论学习和实际操作的内容和学时应符合国家规定的培训大纲要求。专业（技工）学校以上的学生，已按现行特种作业人员安全技术培训规定接受培训的，可以不再培训，但应按照本办法规定进行考核。

3）经国家主管部门认可的特种作业人员培训点，负责本公司的特种作业人员的安全技术教育培训和取证工作，并列入职工教育培训计划。

(5) 特种作业人员的复审。特种作业安全操作证，每两年复审一次。连续从事本工种十年以上的，经过单位组织知识更新教育后，可每四年复审一次。复审有关工作由安技环保部组织进行。复审内容包括：

1) 健康检查。

2) 违章作业记录。

3) 安全生产新知识和事故案例教育。

(6) 特种作业人员安全监督管理

1) 企业安全管理部门为特种作业人员安全监督管理单位，负责对特种作业人员的考核、录用和教育培训等工作的监督管理。

2) 厂或公司人力资源部对特种作业人员（包括因“一岗多能”从事特种作业的人员）的岗位根据生产需要进行设立和登记建档，并将人员变化情况及时通知职教中心和安技环保部，以便及时安排教育培训和取证事宜。

3) 各单位欲参加特种作业安全操作资格培训考核的人员，应由所在单位统一填写《特种作业人员安全操作资格申请表》(见附件一，略)，经企业安全管理部门审查同意后，由职教中心组织进行培训取证，并报人力资源部登记建档。

4) 经培训考核合格后，由职教中心向市主管部门申请颁发国家《特种作业安全操作证》。

5) 特种作业人员必须持证上岗，未取得安全操作证前，必须有师傅的监护，不得单独作业。

6) 各单位应加强对特种作业人员的管理，对本单位的特种作业人员登记建档，做好申报、培训、考核的组织工作和日常的监督检查，并将有关情况及时通知有关部门。

(7)《特种作业安全操作证》的管理

1）安全操作证原则上应由本人随身持有保管。

2）对特种作业人员集中的班组或工种，为避免操作证丢失和损坏，便于管理，可以单位（或班组）为单位进行集中保管，但必须保证随时查看、随时能取用。

3）对发生操作证丢失的人员和所在单位，按《安全生产管理办法》违章条款规定予以经济处罚，并交纳办证费用后，由职教中心办理补证；对发生损坏操作证的情况，按照违章处罚条款酌情处理。

(8）特种作业人员作业资格的取消。有下列情形之一的，企业安全管理部门按规定收缴其特种作业安全操作证：

1）未按规定接受复审或复审不合格的。

2）违章操作造成严重后果或违章记录达 3 次以上的。

3）伪造、涂改、转借或转让他人的。

4）因故离开本公司及其所属分公司。

5）经确认健康状况已不适宜继续从事所规定的特种作业的。

2. 危险作业

危险作业是指作业具有一定的危险性，容易发生人员伤亡事故，并对操作者本人、他人及周围设施的安全有较大危害的作业。

(1）危险作业范围

1）高处作业。

2）带电作业。

3）有中毒或窒息危险的作业。

4）禁火区内进行明火易燃的作业。

5）爆破或有爆破危险的作业。

(2) 危险作业审批手续。凡属危险作业，应由具体执行部门填写《危险作业审批单》（略）一式三份，交企业安全（或消防）管理部门审查同意后，方可施工。安全（或消防）管理部门存档备查。

(3) 有关安全注意事项

1）从事高处等危险作业的人员，都必须经过专业技术培训，熟练地掌握本工种操作技术和安全操作规程。

2）危险作业必须具有可靠的安全保护措施，设置必要的警示标志，严禁无关人员进入工作现场。

3）组织连续倒班作业时，要建立交接班制度，填写交接班日记，在交接生产的同时，交接安全情况。

4）危险作业的组织实施部门必须根据《危险作业审批单》所列项目逐一填写清楚，经主管业务部门（安全或消防）审核批准后执行。

5）因工作需要，将一般作业改为危险作业，应按此规定经审核后方可施工，如来不及办理审批手续，现场应指定专人负责，采取临时性安全措施，然后补办审批手续。

6）凡属高处、带电、中毒等危险作业由企业安全管理部门负责审核，属于禁火区明火作业和有爆炸危险的作业，由消防部门负责审查。

7）除各级安全值班人员、消防保卫值班人员应把当日危险作业作为值班检查的重点工作外，危险作业的组织实施部门还必须指定一名领导干部负责现场作业的指挥与监护。

六、劳动防护用品管理制度

劳动防护用品是指劳动者在劳动过程中为避免或减轻事故伤害或职业危害所配备的防护装备。劳动防护用品分为一般劳动防护用品和特种劳动防护用品。

各单位必须为本单位需要使用劳动防护用品的从业人员免费提供符合国家标准或行业标准的劳动防护用品，且不得以货币或其他物品替代应当配备的劳动防护用品。必须监督、教育从业人员按照使用规则佩戴使用劳动防护用品。

劳动防护用品的管理由单位有关部门统一管理，建立、健全劳动防护用品的购买、验收、保管、发放、使用、检验、更换、报废等管理制度。由专职人员主管劳动防护用品的计划、审批和发放，并监督检查劳动防护用品的质量，指导劳动防护用品的采购，并在其使用前对其防护功能进行必要的检查。

单位应到定点经营单位或生产企业购买特种劳动防护用品。购买的劳动防护用品须经本单位的安全技术部门验收。

从业人员必须按单位的规定穿戴防护用品，凡个人未按规定穿戴使用防护用品（用具）或部门未按规定发放劳动防护用品（用具）而造成人身伤害事故的，单位应按严重违章对责任人进行批评和罚款处理。

劳动防护用品的发放必须符合工种需要。劳动防护用品的具体发放程序、发放日期及发放纪律由各生产经营单位根据自身情况自行制定。

七、从业人员宿舍管理制度

(1) 从业人员宿舍不得与生产、经营、储存危险物品的车间、商店、仓库在同一座建筑物内，并应当与其保持安全距离。

（2）从业人员宿舍应当设有符合紧急疏散要求的疏散口及明显标志、平面路线图。应保持出口的畅通，严禁封闭、堵塞从业人员宿舍的疏散口。

（3）从业人员宿舍应当根据消防安全管理的需要，制定消防安全管理措施，落实管理部门和人员、配备设施和器材，并定期检查、保养，保证其设施和器材的完好、可用。

（4）从业人员宿舍应保持良好的卫生条件和生活环境，必要的生活设施齐备，采光和通风较好。从业人员居住密度应符合卫生要求，以减少疾病的传播。

（5）对需要供暖和暑期降温的从业人员宿舍，应依据其卫生要求，保证采暖、降温期间室温维持均衡。

（6）从业人员宿舍的电器、电路等设施，未经许可不得改动，宿舍内未经许可不得使用电炉等电器设备。

（7）入住从业人员应遵守宿舍各项管理规定，服从宿舍管理人员的管理，爱护宿舍各项设备。

八、企业从业人员和安全生产管理人员安全行为规范

规范应规定本单位职工应遵守的通用安全守则，守则适用于本单位正式职工、临时工、合同工以及参观、实习、代培人员。

1. 从业人员安全守则

（1）牢记“安全第一，预防为主”的安全方针。

（2）严格遵守安全生产规章制度，不违章作业，并随时制止他人违章作业。

（3）进入生产现场应按规定穿防护服装，戴防护帽，不准将长发露出帽外，除专项规定外，不准穿裙子、高跟鞋、拖鞋、风衣、长大衣。

(4) 从事有可能被传动机械绞辗伤害的作业，不准戴手套、长围巾，其他配饰物不得悬露。

(5) 从事对双目有伤害的作业，必须戴护目镜或防护面罩。

(6) 进入有可能发生物体打击的场所，必须戴安全帽，高处作业必须系安全带或设安全网。

(7) 在有易燃、易爆物品的作业场所应穿防静电衣物。

(8) 水上作业必须使用救生衣或救生器具。到井底取水样或到有害气体的容器中作业前，必须先强制通风后才能作业。

(9) 爱护和正确使用机器设备、工具及个人防护用品。

(10) 上班前 4 小时以内和工作中不得饮酒。

(11) 生产现场不许打闹、开玩笑、睡觉或擅离岗位。

(12) 不准将小孩、无关人员带到工作场所。

(13) 在生产现场要走安全通道，不准骑自行车，不准在吊物下停留和行走。

(14) 认真掌握安全技术操作规程、标准化作业程序，并不断丰富安全生产知识，增加自我防范能力。

(15) 在未采取安全措施的情况下违章指挥、冒险作业，工人有权拒绝操作。

(16) 发现有危及职工人身安全的重大隐患时，应立即报告单位领导，并组织及时排除，在隐患未排除或未采取可靠的安全措施前，职工有权拒绝作业。

(17) 在进行特殊的危险作业前，不向职工交代清楚工作内容、作业程序、工作环境和安全注意事项，职工有权拒绝作业。

（18）上班前，班组长（或班组安全员）不对工人进行安全生产培训、互保措施不落实，工人有权不接班。

（19）对劳防用品穿戴不整齐或穿戴不符合劳动保护规定者，安全员有权制止其进入作业场所。

（20）积极参加各种安全生产活动。

（21）主动提出改进安全生产工作的意见。

2. 安全生产管理人员安全行为规范

（1）认真贯彻安全生产方针，遵守国家法律法规，遵守企业章程及各项规章制度。

（2）服从工作安排，忠于职守，认真工作，努力完成公司制定的工作目标和上级交办的工作任务。

（3）求真务实、甘于奉献、讲究科学、不冒险蛮干、不超越本岗职责或职权范围开展工作。

（4）各级安全生产管理人员应敬业爱岗、诚实公正、不徇私枉法、恪尽职守、尽职尽责、敢于管理、勇于负责。

（5）对各类事故不拖延、不谎报、瞒报，发现事故隐患，及时落实整改措施，及时总结、分析、借鉴各类事故的教训，避免事故重复发生。以身作则，严格管理，搞好安全生产宣传教育。

第三章

机械制造与加工企业安全检查

在企业的安全生产管理中，进行各种形式的安全检查是发现事故隐患进而治理事故隐患的有效方法。在安全检查中采用安全检查表的方式，是科学的、行之有效的并被越来越多的人接受的管理方法。机械制造与加工企业的安全检查，主要涉及三个方面：一是基础安全管理的检查；二是设备、设施运行的安全检查；三是作业环境与职业健康安全管理的检查。

第一节　机械制造与加工企业安全检查的依据与要求

一、机械制造与加工企业安全检查的依据

1. 机械制造与加工企业进行安全检查的主要法律法规依据

《安全生产法》，2002 年 6 月 29 日发布，2002 年 11 月 1 日起实施。

《职业病防治法》，2001 年 10 月 27 日发布，2002 年 5 月 1 日起

实施。

《预防重大工业事故公约》，1993 年 6 月 2 日国际劳工组织大会通过。

《特种设备质量监督与安全监察规定》，国家质量技术监督局第 13 号令，2000 年 10 月 1 日起实施。

《蒸汽锅炉安全技术监察规程》，劳动部发（1996）276 号。

《职业安全健康管理体系审核规范》，国家经贸委 2001 年第 30 号公告。

2. 机械制造与加工企业进行安全检查的主要标准依据

《机械加工设备一般安全要求》(GB 12266)

《兵器工业机械工厂安全性评价标准》(WJ 2496)

《兵器工业生产现场管理要求》(WJ 2596)

《机械加工设备危险有害因素分类》(GB 12299)

《机械安全风险评价的原则》(GB/T 16856)

《金属切削机床安全防护通用技术条件》(GB 15760)

《金属热处理生产过程安全卫生要求》(GB 15735)

《焊接与切割安全》(GB 9448)

《生产过程安全卫生要求总则》(GB 12801)

《生产设备安全卫生设计总则》(GB 5083)

《手持式电动工具的管理、使用、检查和维修安全技术规程》(GB 3787)

《木工机床安全通则》(GB 12557)

《小功率电动机的安全要求》(GB 12350)

《电气装置安装工程施工及验收规范》(GBJ 232)

《工业与民用电力装置的接地设计规范》(GBJ 65)

《施工现场临时用电安全技术规范》(JGJ 46)

《工业锅炉设计规范》(GBJ 41)

《低压锅炉水质标准》(GB 1576)

《职业健康安全管理体系规范》(GB/T 28001)

二、机械制造与加工企业安全检查的要求

1. 到生产现场安全检查的要求

(1) 观察被检查单位厂容、厂貌。

(2) 抽查重点机加车间、重点设备、安全装置与警示标志。

(3) 抽查重点辅助车间、重点辅助设备、安全装置与警示标志。

(4) 观察生产组织与生产现场状况。

(5) 抽查某些仓库及其安全设施。

(6) 随机找人交谈和询问,包括车间负责人、班组长、操作工人。

(7) 耐心倾听基层人员反映的安全生产和职业健康问题。

(8) 注意交谈时礼貌、自然、和谐、耐心,切忌生硬刻板。

2. 查阅文件和记录

(1) 查阅上级下发的有关安全生产的法规、文件和技术标准等。

(2) 查阅本单位印发的安全生产文件、会议纪要、规章制度等。

(3) 查阅安全生产委员会会议记录。

(4) 查阅生产调度会会议记录。

(5) 查阅危险点检查记录。

3. 现场抽样查证或演练

(1) 抽样查证关键岗位人员的持证上岗情况和安全培训情况。

（2）抽样查证关键岗位的安全操作规程和操作记录。

（3）抽样查证关键岗位的安全技术装备完好状态和检测有效期。

（4）抽样查证压力容器、起重机械等特种设备检验合格证。

（5）抽样查证事故应急救援预案和关键岗位人员是否进行过演练，是否会用灭火器等。

（6）必要时临时进行消防演练或救护演练。

4. 安全检查活动的控制

（1）基本上遵照检查计划进行抽样检查。

（2）合理选择抽查样本，注意分层抽样、适度均衡。

（3）注意重要危险因素的现状和控制措施。

（4）注意发现安全生产先进典型、好的管理方法和经验。

（5）注意发现生产安全事故隐患的表现和根源。

（6）进行检查时及时沟通，统一意见。

5. 生产安全事故隐患的确定

（1）要有确定生产安全事故隐患的原则。

（2）注意探究生产安全事故隐患的成因。

（3）正确判定生产安全事故隐患的严重度。

（4）指出生产安全事故隐患的危害。

第二节　机械制造与加工企业设备设施的安全检查

一、机械加工设备设施的安全检查

1. 机械加工车间设备、设施布局和安全通道检查（见表 3—1）

表 3—1　机械加工车间设备、设施布局和安全通道检查表

序号	检查要点	检查准则	检查方法
1	车间设备、设施布局	（1）加工设备间距（以活动机件达到的最长范围计算），小型设备应不小于 0.7 m，中型设备应不小于 1 m，大型设备（运输线视同）不小于 2 m	查设备、设施布局分布图或汇总表，确定抽查的设备、设施
		（2）加工设备与墙、柱间距（以活动机件达到的最长范围计算），小型设备应不小于 0.7 m，中型设备应不小于 0.8 m，大型设备应不小于 0.9 m	对抽查的每一台设备、设施测量其设备间距，与墙、柱间距和作业空间，审查其是否合格
		（3）作业空间（设备间距除外），小型设备应不小于 0.6 m，中型设备应不小于 0.8 m，大型设备（运输线视同）应不小于 1.1 m	工位器具、原材料、工作台、工具柜或其他物体堆放在设备附近，设备间距以设备与它们的最短距离计算
		（4）高于 2 m 的空中运输线应有牢固的护罩（网）	空中运输线有无防护罩，安装是否牢靠
		（5）设备间距合格率应为 100％	因工位器具、原材料、工作台、工具柜或其他物体堆放而影响到作业空间视为该设备不合格
2	车间安全通道	（1）车间安全通道应以醒目的划线界定	查工厂生产车间安全通道分布图或汇总表

续表

序号	检查要点	检查准则	检查方法
2	车间安全通道	(2) 车间的安全通道的人行道宽应不小于 1 m，车行道宽应不小于 1.8 m	查工厂生产车间安全通道的宽度以划线中心线为基准
		(3) 车间通道不得有 1 处以上（含 1 处）被堵塞或占道超过道路宽度的 1/3。两条通道的交叉路口堆放物品不得超过通道宽度的 1/3	抽查生产车间安全通道，并测量、统计占道长度，计算占道率
		(4) 车间通道不得有 3 处以上（含 3 处）被占，车间通道占道不得超过总长度的 5%	抽查车间安全通道被占情况，并计算通道总长度，通道划线不清楚的视为占道
3	工位器具、工件、材料摆放	(1) 作业场所的原材料、半成品、成品、废品及工具柜应进行定置管理、摆放整齐、平稳可靠	作业场所是否有原材料、半成品、成品、废品及工具柜等物品摆放的定置图，各种物品是否按定置图摆放整齐、平稳可靠
		(2) 各类工位器具，专用工、模、夹具存放应牢固可靠、符合安全要求	工作场所只能存放工艺规定使用的工位器具。工、模、夹具是否在划定的区域内摆放整齐，较大的是否支承稳妥，便于吊装
		(3) 产品、坯料等应限量存放，不得妨碍操作	材料、产品、坯料的存放量：小件不超过班产量；大件生产完毕后应及时运走
		(4) 工件、材料等应堆放整齐、平稳可靠，不得超过 2 m 高度	工件、材料等物品的堆放宽与高度之比应小于 1∶2，并有防滑、防倒措施

续表

序号	检查要点	检查准则	检查方法
3	工位器具、工件、材料摆放	(5) 工作场所的工位器具、工件、材料等摆放合格率应为100%	直观检查工作场所的工位器具、工件、材料等摆放是否符合评价要求
检查评语和建议：			

检查人签名：　　　　　　　　　　　　　　　　检查时间：　　年　　月　　日

2. 金属切削机床安全检查（见表3—2）

表3—2　　　　金属切削机床安全检查表

序号	检查要点	检查准则	检查方法
1	金属切削机床的防护罩、防护栏	(1) 高度在2 m以下的旋转部位（如传动带、转轴、传动链、联轴节、带轮、齿轮、飞轮、链轮、电锯等），应设置牢固可靠的防护罩 (2) 高度在2 m以上有平台的旋转部位，应设置牢固可靠的防护罩 (3) 高度在1.5 m以上的平台，应有防护栏	(1) 直观检查2 m以下的旋转部位是否设置牢固可靠的防护罩 (2) 直观检查高度在2 m以上有平台的旋转部位，是否设置牢固可靠的防护罩 (3) 直观检查高度在1.5 m以上的平台，是否有牢固可靠的防护栏
2	防卡具脱落装置	(1) 防卡具脱落装置应齐全完好、安全可靠 (2) 未加防护罩的旋转部位的连接销、楔不得凸出	(1) 检查防卡具脱落装置是否完好 (2) 检查未加防护罩的旋转部位是否有凸出的连接销、楔等
3	挡屑板和清除切屑工具	(1) 金属切削机床的挡屑板等应完好可靠 (2) 机床应备有清除切屑的专用工具	(1) 直观检查高速切削时设置的挡屑罩或挡屑板，是否安装牢固、完好有效 (2) 清除切屑的钩、刷等专用工具应适应工作需要，检查是否备齐

续表

序号	检查要点	检查准则	检查方法
4	防弯装置	加工细长杆件（工件伸出主轴尾部 300 mm 以上时）的机床，应安装跟刀架、中心架、托架、支撑等防弯装置	现场检查加工细长杆件时是否装有跟刀架、中心架、托架、支撑等防弯装置
5	限位、联锁	机床的限位、联锁、操作手柄应灵活可靠	开机检查机床限位装置、联锁装置和操作手柄
6	机床的保护接地和照明灯具	（1）机床保护接地（零）线应可靠 （2）机床照明灯电压不得高于 36 V	（1）手拉检查机床保护接地（零）线，是否松动 （2）检查照明电压是否符合要求
7	大型机床直梯和护笼	有直梯的大型机床，其高度超过 2 m 的固定钢直梯必须设护笼，固定钢直梯和护笼应符合相应条款规定	直观检查有直梯的大型机床直梯和护笼是否符合要求

检查评语和建议：

检查人签名：　　　　　　　　　　　　检查时间：　　年　　月　　日

3. 冲、剪、压机械安全检查（见表 3—3）

表 3—3　　　　　　冲、剪、压机械安全检查表

序号	检查要点	检查准则	检查方法
1	离合器、制动器、紧急停止按钮、防护装置、脚踏操作装置、钢直梯护笼	（1）离合器分、合应灵活可靠 （2）制动器应灵敏可靠 （3）紧急停止按钮应灵敏可靠 （4）外露传动部位的防护装置应齐全可靠 （5）脚踏板应用防滑钢板制作或采用其他防滑措施。脚踏操作装置外露部分的上部及两侧应有防护罩，且安装应牢固	（1）抽查离合器：现场试车 5～10 次，不得出现连冲现象 （2）抽查制动器：现场试车 5～10 次，制动是否灵敏可靠 （3）抽查紧停按钮：现场试车 3～5 次，是否灵敏可靠 （4）抽查外露传动部位是否有完善的防护罩、盖、栏，未加防护罩的旋转部位的连接销、楔、键不得突出

续表

序号	检查要点	检查准则	检查方法
1	离合器、制动器、紧急停止按钮、防护装置、脚踏操作装置、钢直梯护笼	(6) 大型设备上的固定钢直梯高度超过 3 m 时，2 m 以上部分应设护笼	(5) 直观检查脚踏板和脚踏操作装置外露部分的防护罩 (6) 抽查设备上的固定钢直梯 2 m 以上部分是否设护笼
2	安全信号装置	(1) 冲、剪压设备应有自动送、退料装置 (2) 或者有完好的防冲手安全装置，并有专用工具 (3) 电气开关和安全信号装置必须齐全完好，有醒目标志	(1) 有自动送、退料装置的视为合格 (2) 采用手动工具送、退料的，除工具满足要求外，还应设置安全装置；必要时现场试车 5～10 次，当人的手在工作区时，机床应不能启动 (3) 检查电气开关和信号装置是否齐全完好，是否有醒目标志
3	保护接地（零）线	设备的金属外壳接地（零）线应可靠	手拉检查设备的保护接地（零）线，是否松动
4	设备泵站	设备泵站自动控制的电气、液压系统必须安全可靠；最高和最低水位的电气、液压控制动作必须灵敏准确，不应有失控和误动作现象	开机检查设备泵站控制系统，是否灵敏、准确、可靠，各控制开关有醒目标志
5	设备泵站的受压容器和受压部件	(1) 设备泵站的受压容器和受压部件必须是定点厂生产、有无产品合格证 (2) 泵站的高压水、汽罐和水压机的低压充液罐，必须有主管压力容器单位的质量证明书，并在检验周期内使用 (3) 高压管道的焊缝，必须定期进行探伤检查	(1) 查压力容器是否是定点厂生产、有无产品合格证 (2) 查受压部件的定期检验记录 (3) 高压管道的焊缝是否有定期探伤检查的记录，并在检验周期内使用

续表

序号	检查要点	检查准则	检查方法
6	控制系统	所有控制系统的仪表、信号灯、报警器和安全溢流阀等安全附件，必须齐全、显示正确	直观检查控制系统的仪表、信号灯、报警器、安全溢流阀和其他安全附件是否完好，查压力表的校验标记和资料
7	泄漏及振动	高低压管道系统，工作中不允许高压水成线状泄漏，所有管道不得有剧烈振动	正常工作时直观检查高低压管道系统的泄漏及振动情况

检查评语和建议：

检查人签名：　　　　　　　　　　　　检查时间：　　年　　月　　日

4. 起重机械安全检查（见表3—4）

表3—4　　　　起重机械安全检查表

序号	检查要点	检查准则	检查方法
1	起重机的钢丝绳	钢丝绳在一个捻距内钢丝断数不得超过钢丝数的10%；当钢丝绳磨损使其直径相对于公称直径减小7%及以上时，即使未断丝也应报废更新	在钢丝绳全长范围内随机抽段检查，重点是卷筒上的终端部位和常绕滑轮的部位，绳面应有润滑油
2	钢丝绳与卷筒槽匹配	钢丝绳尾端装卡牢固，压板数目不应少于2个；且吊钩处于最低点时卷筒上至少留有3圈	直观检查钢丝绳与卷筒槽是否匹配
3	滑轮	无裂纹缺损，且转动灵活	用10倍放大镜检查
4	吊钩	钩体不许有裂纹、不许补焊	用10倍放大镜检查

续表

序号	检查要点	检查准则	检查方法
5	制动器	制动器灵敏可靠，摩擦片的磨损不得超过原厚度的 50%；制动时间不大于 2 s	制动距离大车 2 m 以上、小车 0.2 m 以上
6	安全防护系统	下列安全防护装置应完好可靠： (1) 过卷扬限位器 (2) 大小车行程限位器 (3) 门窗电气联锁保护装置 (4) 紧急停止开关 (5) 终端缓冲器 (6) 信号装置齐全完好 (7) 轨道端部阻挡器 (8) 露天行车夹轨钳 (9) 轨道接地 (10) 转动部位保护罩 (11) 滑线保护挡板 (12) 驾驶室地面绝缘垫 (13) 护栏	(1) 过卷扬限位器要求限位 0.3 m，现场试车 2 次，动作有效可靠 (2) 现场试车 2 次，动作有效可靠 (3) 现场试车 2 次，动作有效可靠 (4) 现场试车 2 次，动作有效可靠 (5) 中速冲击 2 次，有效 (6) 滑线和配电柜信号灯，电铃声 30 m 范围内能清晰听到 (7) 中速冲击 2 次不得开焊、变形 (8) 能承受最大风力 (9) 接地可靠，电阻不大于 4 Ω (10) 牢固可靠 (11) 牢固可靠，隔离有效 (12) 绝缘良好 (13) 护栏高度 1 m 以上，牢固可靠
7	吊索具	吊索具应上架定点摆放，标明额定承重量，齐全完好	直观检查吊索具是否符合要求

检查评语和建议：

检查人签名：　　　　　　　　　　　　检查时间：　　年　　月　　日

5. 砂轮机安全检查（见表 3—5）

表 3—5 砂轮机安全检查表

序号	检查要点	检查准则	检查方法
1	砂轮机安装地点	（1）固定式砂轮机安装地点适当，不准对着其他设备和操作人员，以及过往通道 （2）若确因地形或位置限制，可在砂轮机正面装设不低于 1.8 m 高度的防护挡板	（1）直观检查砂轮机是否安装在正对着附近设备及操作人员或经常有人过往的地方。一般应安装在专用砂轮机房内 （2）检查防护挡板是否牢靠，并符合安全要求
2	砂轮	砂轮无裂纹，磨损至极限时应更换，转动时应平稳、无跳动	直观检查砂轮，应无裂纹，当砂轮磨损到直径比卡盘直径大 10 mm 时应更换
3	除尘装置	有两台以上（含两台）的砂轮机安装在同一房间内时，应配有除尘装置	检查有无除尘装置，且是否符合要求
4	挡屑屏板	砂轮防护罩开口上端应设可调整的挡屑屏板，其宽度应大于砂轮防护罩宽度，并应牢固地固定在护罩上，砂轮圆周表面与护板间的间隙应小于 6 mm	直观检查挡屑屏板是否完好可调，是否能挡住碎块飞出
5	护罩	砂轮卡盘外侧与砂轮防护罩开口边缘之间的间隙应为 5～15 mm。防护罩应安装牢固	检查砂轮、砂轮卡盘、砂轮主轴端部，看砂轮卡盘外侧与砂轮防护罩开口边缘之间的间隙是否合格
6	卡盘（法兰盘）	卡盘（法兰盘）直径应大于砂轮直径的 1/3，并有软垫	直观检查砂轮卡盘的直径和压紧面径向宽度尺寸是否一致
7	保护接地	砂轮机保护接地（零）线应可靠	手拉检查设备的外壳保护接地（零）线，是否松动

续表

序号	检查要点	检查准则	检查方法
8	砂轮机托架	(1) 砂轮托架应装卡牢固，且可调；砂轮圆周表面与托架间隙不得大于 3 mm (2) 磨刀具的砂轮机不能与非磨刀具的砂轮机混用 (3) 磨料头、料边、毛坯和材料进行火花鉴别的砂轮机可不设托架，但必须设置固定标志说明	(1) 砂轮直径在 150 mm 以上的砂轮机，必须设置可调式托架，直观检查砂轮圆周表面与托架间的间隙是否符合评价要求，托架安装是否牢固 (2) 检查是否有混用现象 (3) 查看是否有标志说明

检查评语和建议：

检查人签名： 检查时间： 年 月 日

二、热加工设备设施的安全检查

1. 工业炉窑安全检查（见表 3—6）

表 3—6 工业炉窑安全检查表

序号	检查要点	检查准则	检查方法
1	炉门升降机构	炉门升降机构应完好，平衡炉门的重锤配重应适当、悬挂可靠。炉门应有限位装置并与电源开关联锁。钢丝绳断丝不应超过总丝数的 10%，尾端装卡应牢固。外露传动部位应设防护罩，有平台的炉窑应设护栏	开启、关闭手动炉门，应能上下自如，并能在任何位置停留。开启、关闭电动炉门，上下至极限位置时应能自动停止并能切断电源。控制柜上有电源指示灯显示
2	炉车钢丝绳、滑轮	炉车钢丝绳、滑轮应完整无缺损；钢丝绳断丝不应超过总丝数的 10%，尾端装卡应牢固；炉底小车应设限位联锁装置	直观检查滑轮是否有裂纹、是否有缺损 启动炉底小车进出，至极限位置时是否能切断电源、自动停车

续表

序号	检查要点	检查准则	检查方法
3	护墙、炉衬	炉墙砌砖应完整；炉衬应严密、无剥落、无泄漏。电器设施接地应可靠	直观检查炉墙、炉衬是否符合评价要求，手拉检查电热炉金属外壳及电器设备接地线是否松动
4	各种炉窑的特殊要求	（1）锻造加热炉：炉门应无变形；排气管安装应正确；循环冷却水应流通正常、无泄漏 （2）退火炉、烘模炉：炉门应安装保险装置，且灵敏可靠 （3）煤气（天然气）炉：各种管道和气阀应完好、无裂纹，无泄漏 （4）盐浴炉：抽风设施应完好；测温仪表、仪器、热电偶应灵敏可靠、指示正确，并定期校验 （5）重油炉：油管、风管、加热管应无裂纹，无泄漏；箱式电阻炉的电阻丝应完好，不露出槽外；测温仪表、仪器、热电偶应灵敏可靠、指示正确，并定期校验 （6）箱式电阻炉：电阻丝应完好，不露出槽外；测温仪表、仪器、热电偶应灵敏可靠、指示正确，并定期校验 （7）燃油反射炉：油管、风管、油嘴，应无裂纹、无泄漏，并保持畅通；油压、风压应正常；测温仪表、仪器应灵敏可靠、指示正确，并定期校验	（1）直观检查锻造加热炉炉门气管是否符合要求，循环冷却水是否正常流通，水循环系统各处是否无连续水滴 （2）打开退火炉、烘模炉门，应切断电源 （3）用气体检漏仪检查煤气（天然气）炉各管道、阀门连接处是否漏气或用肥皂水涂抹检查其是否产生气泡 （4）直观检查盐浴炉各仪表抽风设施是否符合要求。检查仪表校验记录或校验标签，认定是否定期校验 （5）直观检查重油炉的油管及其连接处是否有油滴挂，风管、加热管是否完好，无裂纹 （6）打开箱式电阻炉门检查，电阻丝应完好，不出槽；直观检查测温仪表、仪器、热电偶是否灵敏可靠，指示值是否正确，检查仪表检验记录或标签，确认是否定期校验 （7）直观检查燃油反射炉的油管各连接处是否有油滴挂，风管是否漏气。直观检查测温仪表、仪器和热电偶是否符合要求，检查仪表检验记录或标签，确认是否定期校验

续表

序号	检查要点	检查准则	检查方法
4	各种炉窑的特殊要求	（8）气体渗碳炉：炉盖升降机构应可靠；炉盖应与电源联锁，限位装置应灵敏。风扇转动应平稳。冷却水管、输油管、排气管、滤油器应畅通、无裂纹、无泄漏 （9）气体氮化炉：炉盖、管道评价要求同渗碳炉。氨水瓶不应靠近热源、电源及接受强日光暴晒	（8）开启气体渗碳炉炉盖至极限位置是否切断电源停止上升。直观检查冷却水管、油管各连接处是否有水、油滴挂 （9）查证方法同气体渗碳炉。直观检查氨水瓶存放位置是否符合要求

检查评语和建议：

检查人签名： 检查时间： 年 月 日

2. 工频感应加热炉安全检查（见表3—7）

表3—7 工频感应加热炉安全检查表

序号	检查要点	检查准则	检查方法
1	炉体	（1）工频感应加热炉的炉体、炉底、炉衬应无泄漏 （2）线圈铜管不得漏水、堵塞，绝缘层不得损坏 （3）线圈引线与电源线连接应牢固 （4）炉体安全附件应齐全，如应有炉体冷却风机、浇注用的防炉罩、排风装置等安全附件。电流表、电压表指示应灵敏、准确 （5）炉盖应开启自如，封闭良好	（1）直观检查炉体、炉底、炉衬是否有炉料泄漏痕迹 （2）直观检查线圈铜管是否有水滴挂、水是否畅通、绝缘层是否破裂 （3）直观检查线圈引线与电源线连接部位是否烧蚀、变色 （4）检查炉体冷却风机、浇注用的防炉罩、排风装置等安全附件是否齐全。直观检查电流表、电压表指示是否灵敏、准确 （5）启动炉盖检查是否符合要求
2	安全附件	浇口柱塞门应灵活，无松动、卡死现象	直观检查不浇注时塞门处有无炉料外流，浇注时是否开启灵活

续表

序号	检查要点	检查准则	检查方法
2	安全附件	抽风罩转动应灵活	直观检查转动抽风罩是否转动灵活、无卡死现象
		金属外壳接地（零）线应可靠，接地电阻应不大于10 Ω	手拉检查金属外壳保护接地（零）线，是否松动；检查接地电阻检测记录，无检测记录到现场实测
检查评语和建议：			
检查人签名：		检查时间：　　年　　月　　日	

3. 锻造机械安全检查（见表3—8）

表3—8　　锻造机械安全检查表

序号	检查要点	检查准则	检查方法
1	上下砧、销楔、横销	（1）上下砧不应有松动现象 （2）销楔、横销必须紧固 （3）锤头燕尾应无裂纹	（1）检查工作状态时上下砧有无松动现象，上下砧面叠合是否平行 （2）直观检查各种销楔、横销、螺杆、螺母是否紧固 （3）用放大镜检查锤头燕尾处有无裂纹
2	电机、连接机构	（1）电机底座与基础连接应牢固 （2）电机外壳保护接地（零）线应可靠 （3）脚踏杆或操作手柄应与连接杆和旋阀连接牢固且操作灵活	（1）直观检查电机底座与基础连接是否牢固 （2）手拉检查设备外壳保护接地（零）线，是否松动 （3）开机检查脚踏杆或操作手柄与连接杆和旋阀连接是否牢固、操作灵活；连接机构的铰链部位是否灵活可靠
3	防护罩	传动的外露部分应有防护罩	检查传动的外露部分防护罩是否符合要求

续表

序号	检查要点	检查准则	检查方法
4	操纵机	(1) 操纵机夹钳应无裂纹，且转动灵活 (2) 操纵机制动器工作应可靠 (3) 锻造专用吊具应悬挂在专用架上；辅助工具是否放在固定地点，并保持清洁、完好	(1) 用放大镜检查夹钳是否有裂纹，手动检查是否转动灵活 (2) 开停 3 次，检查操纵机制动器是否工作可靠 (3) 直观检查锻造专用吊具、辅助工具等是否符合要求
5	储气罐及其安全附件	(1) 储气罐必须是定点厂生产的合格产品，并在检验周期内使用 (2) 储气罐应无严重腐蚀，每年应对储罐除锈刷漆 (3) 对未被列入压力容器管理的受压部件，是否有定期检验 (4) 储气罐安全附件（压力表、安全阀等）应完好	(1) 检查储气罐订货合同、产品合格证和检验资料，看是否在检验周期内使用 (2) 直观检查储气罐是否有腐蚀，并检查近两年记录看是否每年对储罐除锈刷漆 (3) 检查受压部件的检测记录 (4) 检查安全附件是否完好：查铅封、检验周期和校验记录

检查评语和建议：

检查人签名：　　　　　　　　　　　　　　检查时间：　　年　　月　　日

4. 冲天炉及其装置安全检查（见表 3—9）

表 3—9　　冲天炉及其装置安全检查表

序号	检查要点	检查准则	检查方法
1	炉体	冲天炉的炉体应无严重锈蚀、损坏，防爆门、防爆箱应完整无损，启闭灵活	直观检查炉体及防爆门、防爆箱的完好程度，启、闭检查防爆门、防爆箱是否灵活
2	炉底板	炉底板厚度应符合工艺要求，无严重锈蚀。炉底板、炉底门应安装牢固，启闭灵活。若是人工启闭机构应安装保险门	检查工艺，测量炉底板厚度确认其厚度是否符合工艺要求。直观检查炉底板、炉底门是否严重锈蚀、安装牢靠

续表

序号	检查要点	检查准则	检查方法
3	炉坑	炉坑内及冲天炉周围应整洁干燥。同时要求无尖锐物悬挂于坑壁和堆积在坑底	直观检查炉坑周围是否整洁干燥
4	鼓风机	鼓风机的电动机外壳保护接地（零）线应可靠，外露传动部位应设置防护罩	手拉检查接地（零）线，是否松动。检查外露传动部位是否有防护罩
5	加料装置	（1）加料车附近应设符合要求的护栏 （2）升降机构应符合起重机械的相应要求 （3）料斗升降机构与装料口的门应联锁，加料机运行时应有警灯和警铃信号 （4）轨道、钢丝绳、吊钩应分别符合起重机械的相应要求	（1）检查加料车附近的护栏是否符合护栏要求 （2）开门检查，料斗升降机构应不能启动 （3）检查联锁、警灯和警铃信号是否符合要求 （4）轨道、钢丝绳、吊钩分别按起重机械相应要求检查
6	加料平台	（1）加料平台应低于加料口0.5 m （2）平台上堆放的炉料，不得超过设计载荷 （3）平台的登梯和平台护栏应符合相应安全要求	（1）测量检查加料平台距加料口的高度是否符合要求 （2）检查设计资料并现场估算，察看平台上的实际承载负荷是否超载 （3）检查平台的登高梯和护栏是否符合要求

检查评语和建议：

检查人签名：　　　　　　　　　　　　检查时间：　　年　　月　　日

三、其他加工设备设施的安全检查

1. 电焊机安全检查（见表3—10）

表3—10　　电焊机安全检查表

序号	检查要点	检查准则	检查方法
1	电源线、电焊机接线	电源线、电焊接电缆与电焊机接线处应有屏护罩	直观检查电源线、电焊接电缆与电焊机接线处的屏护罩应能将接线处有效屏护。二次线接线端子如果已绝缘封闭，无屏护罩可视为合格
2	保护接地（零）	电焊机插座应与插头相匹配，且必须装有保护接地（零）线	电焊机插座是否完整无缺损、破裂。揭盖检查插座有无保护接地（零）线，接线是否正确
3	绝缘电阻	对电焊机变压器的绝缘电阻应每半年检测1次，电焊机变压器的一次线圈与二次线圈之间，引线与引线之间，线组和引线与外壳之间的绝缘电阻不得小于1 MΩ	检查是否有绝缘电阻检测记录。一般检查当年及上个半年的绝缘电阻测试记录
4	电焊机接线	（1）固定式电焊机接线，插座到电焊机间的一次线应不超过2 m，在不拖地、不占道的情况下可不超过3 m （2）固定在生产线工位上的焊机，一次线长度可按工艺适当放宽 （3）移动式电焊机一次线超过3 m时，必须办理临时用电线路手续 （4）二次线接头宜用焊接、压接和插接。二次线接头不允许超过3个	（1）直观检查一次线的界限长度是否超过规定 （2）移动式电焊机一次线超过3 m时，必须办理临时用电线路手续。检查手续是否完备 （3）直观检查二次线的接头方式和有无破损、裸露。一处破损或裸露视为一个接头 （4）直观检查一、二次线与焊机的连接方式是否符合要求

检查评语和建议：

检查人签名：　　　　　　　　　　　　　　检查时间：　　年　　月　　日

2. 乙炔气瓶安全检查（见表 3—11）

表 3—11　　乙炔气瓶安全检查表

序号	检查要点	检查准则	检查方法
1	外观检查	乙炔气瓶应无严重腐蚀和严重损伤 （1）瓶壁损伤深度不得超过壁厚的 1/4，长度不得超过 50 mm （2）瓶壁凹陷直径不得超过 50 mm，中心深度不得超过 5 mm （3）瓶体表面不得有鼓包、膨胀或弯曲 （4）点状腐蚀深度不得超过壁厚的 1/3、面积不得超过 50 mm^2；密集点状腐蚀深度不得超过壁厚的 1/4，面积不得超过瓶体表面 30% （5）瓶阀、易溶塞连接螺纹不得有严重腐蚀或损坏	（1）对乙炔气瓶进行外观检查，察看是否符合各项准则的要求 （2）如有条件，应检查有资质的检测单位的检测记录，以判定是否符合要求 （3）腐蚀深度可查有资质的检测单位的检测资料，腐蚀长度和面积可在现场进行测量检查 （4）检查检测记录，看瓶阀和易熔塞检测、壁厚测定和气压试验的数据，以判别其完好性
2	检验周期	乙炔气瓶应在检验周期内使用，乙炔气瓶应每 3 年检验 1 次	察看气瓶肩部钢印，确认其是否在检验周期内使用
3	超装	乙炔气瓶上应装有压力表，在 15℃ 时，限定充装压力为 1.55 MPa，应无超装现象	检查时打开压力表阀门记录瓶内压力，若大于 1.55 MPa 视为不合格
4	标志和标记	乙炔气瓶上应有明显的漆色标志和钢印标记	（1）检查乙炔气瓶的漆色标志是否符合标准规定 （2）检查乙炔气瓶上的钢印标记是否清晰可见
5	安全装置	乙炔气瓶上的安全装置应齐全有效： （1）钢瓶肩部上应设置易熔塞，熔点为 (100±5)℃ （2）钢瓶应配有固定式瓶帽 （3）钢瓶应配有颈圈和底座，并安装牢固，防震胶圈应完好	（1）乙炔气瓶上的合格证，并察看确认钢瓶肩部是否设置易熔塞 （2）直观检查钢瓶是否配有瓶帽、颈圈和底座，是否安装牢固，防震胶圈是否完好

续表

序号	检查要点	检查准则	检查方法
6	储存安全	气瓶的储存应符合安全要求： (1) 乙炔气瓶应单库储存，当库房与耐火等级三级及其以上厂房毗连时，二者不得有门、窗、孔洞相通 (2) 库房内电气设施应为防爆型，线路应穿管敷设；严禁其他管线穿过储存库 (3) 乙炔气瓶储存库与明火点的距离不小于 15 m (4) 严禁乙炔气瓶与氯气瓶、氧气瓶及其他易燃物品同库储存 (5) 乙炔气瓶库房应有醒目的“严禁烟火”标志	直观检查或查阅资料与记录： (1) 检查储存库房是否符合要求 (2) 库房内电气设施是否防爆，线路敷设是否符合要求 (3) 乙炔气瓶储存库是否远离明火 (4) 检查乙炔气瓶是否与氯气瓶、氧气瓶及其他易燃物品同库储存 (5) 检查乙炔气瓶库房是否有醒目的“严禁烟火”标志
7	使用安全	气瓶的使用应符合安全要求： (1) 严禁将瓶内气体用尽，应按规定留有剩余压力 (2) 钢瓶应防止暴晒、靠近热源和电气设备，与明火的距离不小于 10 m (3) 必须装设专用的减压阀和回火防止器 (4) 气瓶使用储存时应固定牢固，防止倾倒，严禁卧放使用	直观检查或查阅资料与记录： (1) 检查空瓶压力是否合格 (2) 检查钢瓶是否有防晒措施，是否靠近热源和电气设备，并远离明火 (3) 检查是否有专用的减压阀和回火防止器 (4) 检查是否有固定气瓶的架子；是否有卧放使用的现象

注：严禁将瓶内气体用尽，应按规定留有剩余压力，检查空瓶压力是否合格。

检查评语和建议：

检查人签名：　　　　　　　　　　检查时间：　　年　　月　　日

3. 乙炔发生器安全检查（见表3—12）

表3—12　　乙炔发生器安全检查表

序号	检查要点	检查准则	检查方法
1	回火防止器	乙炔发生器上应垂直安装回火防止器，安装应牢靠	直观检查回火防止器是否符合要求
2	安全阀	安全阀应与压力相匹配；泄压膜应使用专业厂生产的薄铝片或1.5 mm厚的橡胶片	用手能轻松地抬起安全阀，正常使用时不排气视为合格。检查资料或商标，确认泄压膜是否是专业生产厂的产品
3	溢水口	溢水口或显示口应能开启并能正常显示和控制水位	直观检查溢水口或显示口是否符合要求
4	输气软管	（1）输气软管应无破裂、变薄变软等老化现象 （2）各连接处应连接牢固、无泄漏 （3）氧气管应为黑色，乙炔气管应为红色	（1）直观检查输气软管是否有老化现象 （2）用手使劲拔拉软管，判定连接是否牢固、无泄漏 （3）检查看输气软管的颜色是否正确

检查评语和建议：

检查人签名：　　　　　　　　　　检查时间：　　年　　月　　日

4. 表面处理液体槽、电解槽安全检查（见表3—13）

表3—13　　表面处理液体槽、电解槽安全检查表

序号	检查要点	检查准则	检查方法
1	槽体	槽体应力硬质塑料、钢或不锈钢板制成。槽体应坚固、防腐，无裂纹，不渗漏	检查槽体材质，若为钢制酸性镀槽要看是否加设与槽液相适应的防腐蚀衬里。直观检查槽体是否渗漏
2	绝缘装置	镀槽及电解槽上的导电装置与槽体间应有绝缘装置	直观检查镀槽及电解槽的绝缘装置是否符合准则要求

续表

序号	检查要点	检查准则	检查方法
3	导电部位	导电部位应保持干净、导电良好，正、负极相隔一定距离，有防止导电杆移动的措施	直观检查导电部分是否符合准则要求
4	防护栏	地下槽体应在地面上设置防护围栏，其高度应不低于 1.05 m。地下槽露出地面高度达到 800 mm 及其以上可不设防护栏	检查地下槽体的地面上是否设置防护围栏，且四周无缺口，测量其高度不低于 1.05 m 视为合格
5	保护接地	电加热器应有保护接地且牢固可靠，如使用石英管加热器，则应在其外侧安装防护装置	手拉检查保护接地（零）线是否松动。直观检查石英管加热器外侧的防护装置是否完好
检查评语和建议：			
检查人签名：		检查时间：　　年　　月　　日	

5. 手持式电动工具安全检查（见表 3—14）

表 3—14　　手持式电动工具安全检查表

序号	检查要点	检查准则	检查方法
1	手持式电动工具外观	手持式电动工具的防护罩、盖、手柄应齐全，无破损、变形和松动	直观检查防护罩、盖和手柄是否符合准则要求
2	开关、插头	开关应灵敏、无缺损和缺件；插头规格应与工具匹配，无破损	直观检查开关和插头，插头额定电流小于工具额定电流时视为不合格
3	绝缘电阻	每年应测量绝缘电阻 1 次，三种类别电动工具的绝缘电阻分别为：Ⅰ类工具大于 2 MΩ；Ⅱ类工具大于 7 MΩ；Ⅲ类工具大于 1 MΩ	查看是否有绝缘电阻检测记录；若无检测记录，则要抽检查绝缘电阻
4	电源线	应采用橡套软线作电源线，且无缺损、破裂和接头	直观检查电源线是否符合要求

续表

序号	检查要点	检查准则	检查方法
5	漏电保护器	使用Ⅰ类手持电动工具，应装设漏电保护器	检查Ⅰ类手持电动工具有无装设漏电保护器
6	接地（零）线	工具接地（零）线应可靠，否则必须戴绝缘手套并站在绝缘垫上使用	手拉检查保护接地（零）线，是否松动
检查评语和建议：			

检查人签名：　　　　　　　　　　　　　　检查时间：　　年　　月　　日

6. 手提式风动工具安全检查（见表 3—15）

表 3—15　　　　　　手提式风动工具安全检查表

序号	检查要点	检查准则	检查方法
1	手提式风动砂轮机砂轮夹紧装置	(1) 砂轮夹紧装置应完好、不松动。紧固砂轮的主轴端部螺纹旋向应与砂轮旋转方向相反 (2) 砂轮卡盘的直径应不小于砂轮直径的 1/3，并配有直径比压紧面直径大 2 mm、厚度为 1～2 mm 的软垫 (3) 左右两卡盘与砂轮应同轴	(1) 直观检查紧固砂轮的主轴端部螺纹旋向是否与砂轮旋转方向相反 (2) 直观检查砂轮卡盘的直径、软垫 (3) 左右两卡盘与砂轮是否同轴
2	气阀、开关和气管	气阀、开关应完好；气路密封应无泄漏；气管应无老化、腐蚀现象	直观检查气阀、气路是否漏气，气管是否龟裂、变软
3	工作部件	(1) 砂轮、铲头和搬子等工作部件应无裂纹 (2) 防松脱的锁卡应完好有效	(1) 用放大镜检查砂轮、铲头和搬子等工作部件是否符合要求 (2) 启动风动砂轮机，检查铲头、搬子、夯头等工作部件锁卡是否牢靠

续表

序号	检查要点	检查准则	检查方法
4	砂轮防护罩	(1) 防护罩应能将砂轮、砂轮卡盘和砂轮主轴端部罩住，且完好无损，安装牢固 (2) 防护罩的最大开口度不得超过 180° (3) 砂轮卡盘外侧面与防护罩开口边缘的间隙应小于 15 mm (注：砂轮直径小于 50 mm 的可不设防护罩；有特殊工艺要求的砂轮也可不设防护罩，但必须定工序、定点使用)	(1) 直观检查砂轮防护罩是否完好无损，安装牢固 (2) 直观检查砂轮防护罩的开口度，看是否能把危险部位完全罩住 (3) 直观检查工具上是否设有固定标志指明

检查评语和建议：

检查人签名：　　　　　　　　　　　　检查时间：　　年　　月　　日

7. 喷涂作业场所安全检查（见表 3—16）

表 3—16　　　　喷涂作业场所安全检查表

序号	检查要点	检查准则	检查方法
1	喷涂室结构	(1) 喷涂室应为密闭或半密闭空间，用钢板制作或用混凝土建造，内壁表面应平整、易于清理积漆 (2) 喷涂室必须用非燃烧材料制造，并有足够的泄压面积，每 1 m^3 喷涂空间泄压面积不应小于 0.1 m^2 (3) 地面宜用不发火材料铺设 (4) 配漆室与喷涂作业场所应分开	(1) 检查喷涂室结构是否符合准则的要求 (2) 直观检查喷涂空间泄压面积是否足够大 (3) 直观检查喷涂室地面是否为不发火材料铺设 (4) 不应在喷涂作业现场进行配漆

续表

序号	检查要点	检查准则	检查方法
2	防火间距	喷涂作业场所的防火间距应符合安全要求 (1) 喷涂作业与散发明火点的距离应大于 30 m，有隔墙的不少于 10 m (2) 浸漆房与烘房共厂房时，间距应大于 7.5 m	(1) 直观检查喷涂作业场所的防火间距是否符合安全要求 (2) 喷涂作业场所与相邻厂房之间的隔墙是否用耐火材料构筑，门是否用耐火材料制造
3	门窗开向	作业场所的门窗应向外开	直观检查门窗是否朝外开
4	存放量	作业场所稀释剂、涂料的存放量不应超过当日用量	查工艺资料，判定稀释剂、涂料是否超量
5	电气设备	作业区内的电气设备应符合防爆要求	检查喷涂作业场所的电气线路是否穿管敷设，电气设施是否为防爆型
6	排风装置	(1) 作业现场应设置防爆排风装置 (2) 其风扇叶轮必须采用不发火材料制作 (3) 及时清除抽风罩及通风口部的积漆 (4) 室内通风应良好，抽风罩口的设置应合理防止有害气体经过操作者呼吸带	(1) 直观检查排风装置是否为防爆型 (2) 检查风扇叶轮、风扇上的调节阀等活动部件是否采用不发火的材料制造 (3) 直观检查及时清除抽风罩及通风口部是否有积漆 (4) 直观检查通风应是否良好
7	喷涂限压、安全报警、接地装置	(1) 无空气喷涂的喷枪应配置自锁安全装置 (2) 喷涂装置出气端的限压装置和超压安全报警装置应定期试验，并有记录 (3) 喷涂作业场所的所有接地装置的接地电阻应不大于 4 Ω	(1) 检查喷枪是否配置自锁安全装置 (2) 检查喷涂装置出气端的限压装置和超压安全报警装置是否定期试验，有无记录 (3) 检查接地装置的检测记录

续表

序号	检查要点	检查准则	检查方法
8	耐压和气密性检查	(1) 对液压缸、管路液压试验的压力应为最高工作压力的 1.5 倍。达到试验压力，10 min 内压力不下降，无变形、无渗漏视为合格，并应有完整的试验记录 (2) 管线布置的最小曲率直径不小于软管直径的 2.5 倍	(1) 检查无空气喷涂装置中的增压缸体、部件、管路阀门是否进行液压试验，查是否有检查记录 (2) 现场检查管线弯道的曲率半径
9	喷涂作业场所防火措施	(1) 作业场所应有醒目的“严禁烟火”标志，不得使用火炉、电炉加热涂料 (2) 喷涂作业与其他作业在同一车间时，应筑墙隔离，且距明火点 10 m 以外 (3) 车间内设置行车时，应有防止行车产生火花下落的措施 (4) 每 50 m^2 至少配备一只 8 kg 干粉灭火器，消防水源应可靠，水枪、水带应齐全完好 (5) 作业场所的安全疏散口应不少于 2 个	(1) 检查喷涂作业场所是否有醒目的安全标志 (2) 检查喷涂作业场所是否远离明火，是否有防止火花的措施，并配有足够的消防器材 (3) 检查作业场所的安全疏散口是否足够
10	静电喷涂漆	(1) 静电喷涂室的室体宜用玻璃等绝缘材料建造 (2) 门和通风机与静电发生器应电气联锁，静电喷涂室门一打开，电源应切断；启动通风设备后，才能再接通静电发生器电源 (3) 静电发生器电源插座应独立接地，不得用零线代替地线	(1) 检查静电喷涂室的室体材质和结构是否符合要求 (2) 检查静电喷涂室的门及通风设施与静电发生器的联锁保护装置是否好用 (3) 检查静电发生器电源插座是否独立接地，不得用零线代替地线

续表

序号	检查要点	检查准则	检查方法
10	静电喷涂漆	(4) 静电发生器的高压输出与高压电缆接端之间应设置阻流电阻；高压电缆与静电喷涂枪连接处应设限流电阻 (5) 高压静电发生器应设置自动无火花放电器 (6) 操作人员应穿防静电的工作服	(4) 检查静电发生器的高压输出与高压电缆接端之间是否设置阻流电阻；高压电缆与静电喷涂枪连接处是否设限流电阻 (5) 检查高压静电发生器是否设置自动无火花放电器 (6) 检查操作人员是否穿防静电的工作服
11	粉末喷涂	(1) 粉末喷涂室宜用绝缘材料制造，内壁应光滑 (2) 金属构架与工件应接地，接地电阻不大于 100 Ω，并有检测记录 (3) 喷粉室应设置抽风及粉末回收装置，粉末回收装置应设置泄压孔，每 10 m^3 空间的泄压面积为 1 m^2 (4) 粉末输送管道应有防静电接地，接地电阻应小于 100 Ω，并有定期检测记录 (5) 喷枪启动装置与粉末回收装置应电气联锁	(1) 检查粉末喷涂室的构造和材质是否符合要求 (2) 检查金属构架与工件是否良好接地 (3) 检查喷粉室是否设置抽风及粉末回收装置；且有足够的泄压面积 (4) 检查静电接地是否良好 (5) 检查喷枪与粉末回收装置是否电器连锁

检查评语和建议：

检查人签名：　　　　　　　　　　检查时间：　　年　　月　　日

8. 木工机械安全检查（见表3—17）

表3—17　　木工机械安全检查表

序号	检查要点	检查准则	检查方法
1	木工机械安全装置	不同类型的木工机械，必须配备不同形式的、有效的安全装置： （1）木工平刨床如采用护指键式或护罩式安全装置，应符合GB 12557、GB 7033的规定 （2）加工过程易飞出伤人的木工设备，应配备压料器或送料器 （3）自动连锁和限位装置应齐全完好，灵敏可靠 （4）各旋转部位的防护罩应完好，人的手在工作区内机械应不能启动	（1）检查木工平刨床如采用护指键式或护罩式安全装置，是否符合GB 7033的规定 （2）检查加工过程易飞出伤人的木工设备，是否配备压料器或送料器 （3）开机试验3次，检查自动连锁、限位装置是否完好 （4）检查各转动部位的防护装置是否完好可靠
2	夹紧装置	夹紧装置应完好有效、工作可靠。跑车等设备两端应设护栏	检查夹紧装置是否完好；跑车两端的护栏是否符合要求
3	锁紧机构	直观检查锁紧机构，当木料被装夹加工时，工件不应松动、窜位	检查各锁紧机构是否安装牢固、工作可靠
4	锯条、锯片、砂轮等	锯条、锯片、砂轮等应无裂纹和变形等缺陷。锯条接头应牢固、平整、无裂纹	用放大镜检查锯条、锯片有无裂纹和变形
5	吸尘装置接地（零）线	（1）应有吸尘装置且完好有效 （2）电气设备的金属外壳接地（零）线应可靠	（1）开机检查吸尘装置是否运转正常、吸尘效果是否良好 （2）手拉检查设备的保护接地（零）线，是否松动
6	平刨台面开口量	平刨台面开口量，按设备型号不同，应符合GB 7033和JB 3380标准的规定	按型号检查平刨机台面开口量是否符合GB 7033标准规定

检查评语和建议：

检查人签名：　　　　　　　　　　　　检查时间：　　年　　月　　日

四、电力设备设施的安全检查

1. 工厂用变、配电站安全检查（见表3—18）

表3—18　　工厂用变、配电站安全检查表

序号	检查要点	检查准则	检查方法
1	变、配电所环境	（1）变、配电所与其他建筑物之间应有足够的安全消防通道 （2）与爆炸危险场所、有腐蚀性场所的安全距离应大于30 m （3）地势不应低洼或有防积水措施 （4）应设有能容纳全部变压器油量的储油池或排油设施；储油池内应填鹅卵石，排油设施应用混凝土构筑 （5）变、配电间门应向外开；高、低压室之间的门应向低压间开；相邻配电室门应双向开；双向门可代替单向门 （6）门、窗、孔应装设金属窗网；电缆沟、隧道、进户套管应有防小动物进入和防水措施	（1）直观检查安全消防通道。消防车辆是否能通行、转弯和调头 （2）察看与周围有危险、腐蚀性场所的安全距离是否符合要求 （3）察看是否有防积水措施 （4）检查储油池或排油设施是否符合标准要求 （5）直观检查变、配电间门的开向是否符合标准要求 （6）直观检查门、窗、孔有无金属网，地沟有无防小动物进入和防火措施
2	100 kV·A及以上变压器	（1）变压器不得漏油；油标、油位指示应清晰，油色应透明无杂质，变压器油应有定期绝缘测试报告 （2）56 kV·A以上变压器应有温度计，油温应低于85℃，温度指示应清晰，冷却设备应完好 （3）绝缘和接地应可靠，并有定期检测记录 （4）瓷瓶、套管应清洁、无裂纹或放电痕迹 （5）变压器应设置警示标志和护栏	（1）直观检查是否滴油，指示是否清晰，油色是否透明无杂质 （2）检查56 kV·A以上变压器的温度计和温度指示，320 kV·A及以下变压器不进行温度检查 （3）检查资料是否有1年1次的绝缘测试报告和3年1次的定期油质分析报告 （4）直观检查瓷瓶、套管等变压器的其他部分是否符合要求 （5）检查警示标志和护栏是否符合要求

续表

序号	检查要点	检查准则	检查方法
3	高、低压配电间	(1) 配电间设置网状接地体，各电气设备外壳与接地体连接可靠 (2) 接地阻值每年应检查1次，配电间的网状接地电阻值不大于4 Ω (3) 绝缘手套、绝缘靴、绝缘棒、验电笔等绝缘工具、用具应有定期测试记录并贴有合格证 (4) 应有规定的警示标志及工作操纵标志 (5) 10 kV及以下配电装置室的操作通道宽度：固定式上面有开关设备时为1 m，两面有开关设备时为1.5 m	(1) 直观检查各电气设备设施外壳与接地体是否有可靠连接 (2) 检查接地阻值的年度检测记录是否符合标准要求 (3) 检查绝缘手套等安全用具是否齐全完好，是否有定期测试记录并贴有合格证 (4) 直观检查警示标志和工作操纵标志 (5) 检查变、配电间内各种通道是否符合安全要求
4	配电间内设施	(1) 配电间内瓷瓶、套管、绝缘子应清洁无裂纹 (2) 母线应清洁、接点接触必须良好；母线温度应低于70℃，相序识别标志黄、绿、红三色漆色是否鲜明 (3) 电缆进户、上杆应穿管保护，以管卡固定。接地线应用16 mm^2 以上多股铜绞线焊接，不能采用铁铝线；电缆头外表应清洁、无漏油现象，且接地应可靠	(1) 直观检查所有瓷瓶、套管、绝缘子是否清洁、无裂纹和放电痕迹 (2) 直观检查母线排列是否整齐，是否无油污和厚的积尘；相序识别标志漆色是否鲜明 (3) 检查电缆进户、上杆保护套管和管卡、接地线、电缆头外表等是否符合安全要求 (4) 检查油断路器是否有产品合格证；有无定期的绝缘测试记录；油位和油色是否正常，有无漏油和渗油现象

续表

序号	检查要点	检查准则	检查方法
4	配电间内设施	(4) 油断路器应为有资质的厂家生产的合格产品，有1年1次的维修检验记录；1～2年1次的耐压试验记录以及3次跳闸后的检修记录；油位应正常，油色应透明、无杂质、无漏油和渗油现象 (5) 操纵机构应为国家许可生产厂的合格产品，有维修检验记录；操纵应灵活，连锁应可靠，脱扣保护应合理可靠 (6) 空气开关灭弧罩应完整，触头平整 (7) 电力电容器外壳应无膨胀，无漏油现象	(5) 检查操纵机构是否为有资质的厂家生产的合格产品，是否有维修检验记录 (6) 直观检查其他部分

检查评语和建议：

检查人签名：　　　　　　　　　　　　检查时间：　　年　　月　　日

2. 车间配电箱、柜、板安全检查（见表3—19）

表3—19　　车间配电箱、柜、板安全检查表

序号	检查要点	检查准则	检查方法
1	车间配电箱、柜、板的设置安装	箱、柜、板应完好，安装设置应符合设计要求	(1) 检查木工车间及粉尘作业场所是否设置密闭式的箱或柜 (2) 检查一般生产作业场所是否设置封闭式的箱、柜、板 (3) 检查落地柜下沿距地是否低于10 mm，柜内外不许有明显的缝、洞相通 (4) 检查配电盘暗装时，底口距地是否达到1.4 m，明装时距地是否达到1.2 m

续表

序号	检查要点	检查准则	检查方法
1	车间配电箱、柜、板的设置安装	箱、柜、板应完好，安装设置应符合设计要求	(5) 检查布线应整齐美观 (6) 检查标准配电箱不得开洞装设插座、变压器、断路器等电气设备
2	电气连接	各种元件、仪表、开关等与线路应联结可靠、接触良好，无严重发热和烧损现象	直观检查各元件、仪表、开关与线路连接处，是否有烧损、变色、松动等现象
3	内外环境	箱、柜内及板上应无杂物、积水，箱、柜、板前应无堆积物、挂物，箱、柜顶不得堆物	直观检查箱、柜内及板上和周围环境是否符合评价要求
4	识别标志与编号	识别标志与编号应清晰、齐全	(1) 检查箱、柜、板上是否有全厂统一编号的号标，检查设备部门及有关部门登记编号资料，与现场对照是否符合评价要求 (2) 打开配电箱、柜检查箱、柜内及板上有无标明每个开关和熔断器所控制的设备名称 (3) 直观检查插座有无明显的电压标志
5	保护接地	箱体外壳应有可靠接地（零）线，插座接线正确	(1) 手拉检查箱、柜外壳保护接地（零）线，是否松动 (2) 插座的保护零线与工作零线不能共用，检查进线数量
6	熔断元件	各熔断元件应与负荷（或线路）匹配合理	检查熔断元件的熔体额定电流应不大于熔断器座的额定电流
7	屏护	外露元件应屏护完好	直观检查人可触及的外露元件是否有屏护

检查评语和建议：

检查人签名：　　　　　　　　　　　　检查时间：　　年　　月　　日

3. 临时电源线安全检查（见表 3—20）

表 3—20　　临时电源线安全检查表

序号	检查要点	检查准则	检查方法
1	易燃、易爆场所严禁接临时线	严禁在有爆炸和火灾危险场所架设临时线路	检查易燃、易爆场所有无接临时线
2	临时接线申请	架设临时线路必须填写“临时接线申请单”，审批手续应完备，且不得超期使用	对申请、审批手续及使用期的检查： （1）检查工厂经申请、审批使用中的临时电线明细表，凡明细表中未列入而在检查时查出的临时线，均视为不合格 （2）临时线使用期限一般不超过 15 天，特殊情况下需延长使用期限时，应办理延期手续，最长不得超过 3 个月，超期使用的视为不合格。基建施工用临时线期限，在施工期内使用视为合格
3	临时线架设	临时线必须沿墙或悬空架设，室内架设时距地面高度应大于 2.5 m，室外架设时应大于 4.5 m，跨越道路应大于 6 m	对临时线架设的检查： （1）直观检查临时线架设位置、方法。测量检查临时线距地面的高度 （2）临时线不能沿树木捆绑，直观检查是否符合要求
4	临时线距离	临时线与其他设备、门窗、水管的距离应大于 0.3 m	测量检查临时线与门窗、水管和其他设备的距离是否符合安全要求
5	保护接地（零）	临时用电设备保护接地（零）线应可靠	手拉检查临时用电设备保护接地（零）线，是否松动

续表

序号	检查要点	检查准则	检查方法
6	开关与熔断器	临时线路应设一总开关，每一分路应设置与负荷相匹配的熔断器	直观检查总开关与熔断器是否符合安全要求
7	绝缘	临时线必须绝缘良好，导线截面应与负荷相匹配	查设备负荷、导线直径，确认是否符合安全要求

检查评语和建议：

检查人签名：　　　　　　　　　　　　检查时间：　　年　　月　　日

第四章

机械制造与加工企业重大危险源辨识与防范措施

第一节 重大危险源辨识简介

危险源是事故发生的前提，是事故发生过程中能量与物质释放的主体。因此，有效地管理和控制危险源，特别是重大危险源，对于确保安全生产与职业健康，保证生产经营单位的生产顺利进行具有十分重要的意义。

一、危险源及其辨识概念

危险源辨识与控制理论的基础，是运用系统工程的方法辨识、消除或控制系统中存在的危险源，实现系统安全。其基本内容包括系统危险源辨识、危险性评价、危险源控制等。

1. 危险源与重大危险源的定义

危险源是导致事故发生的根源，是具有可能意外释放能量和（或）危险有害物质的生产装置、设计或场所。根据《安全生产法》

和相关的法规、标准，将重大危险源定义为：长期地或者临时地生产、搬运、使用或者储存危险物品，且危险物品的数量等于或者超过临界量的单元（包括场所和设施）。防止重大安全生产事故，需要在物质的毒性、燃烧、爆炸等特性基础上，确定危险物质及其临界量标准（即重大危险源辨识标准），通过危险物质及其临界量标准，这样就可以确定哪些是可能发生重大事故的潜在危险源，从而采取积极的消除措施或者预防措施，降低事故发生的危险性。

2. 重大危险源的分类

依据我国安全生产领域的相关规定和结合行业的工艺特点，从可操作性出发，以重大危险源所处的场所或设备、设施进行分类，每类中可依据不同的特性进行有层次地展开。一般工业生产作业过程的重大危险源分为如下五类：

（1）易燃、易爆和有毒有害物质危险源。

（2）锅炉及压力容器设施类危险源。

（3）电气类设施危险源。

（4）高温作业区危险源。

（5）辐射危害类危险源。

3. 危险源辨识

以前，人们主要根据以往的事故经验进行危险源辨识工作。例如，通过与操作者交谈或到现场进行检查，查阅以往的事故记录等方式发现危险源。由于危险源是“潜在的”的不安全因素，比较隐蔽，所以危险源辨识是件非常困难的工作。在系统比较复杂的场合，危险源辨识工作更加困难，需要利用专门的方法，还需要许多知识和经验。

危险源辨识方法主要分为对照法和系统安全分析法。

（1）对照法。对照法是与有关的标准、规范、规程或经验进行对照，通过对照来辨识危险源。有关的标准、规范、规程，以及常用的安全检查表，都是在大量实践经验的基础上编制而成的，因此，对照法是一种基于经验的方法，适用于有以往经验可供借鉴的情况。

（2）系统安全分析法。系统安全分析法主要是从安全角度进行的系统分析，通过揭示系统中可能导致系统故障或事故的各种因素及其相互关联，来辨识系统中的危险源。系统安全分析方法经常被用来辨识可能带来严重事故后果的危险源，也可以用于辨识没有事故经验的系统的危险源。

二、危险源辨识技术

危险源辨识的目的，就是通过对系统的调查与分析，界定出系统中的哪些部分、哪些区域是危险源，其危险的性质、危害程度、存在状况、危险源能量与物质转化为事故的转化过程规律、转化的条件、触发因素等，以便有效地控制能量和物质的转化，使危险源不至于转化为事故。它是利用科学方法对生产过程中那些具有能量、物质的性质、类型、构成要素、触发因素或条件以及后果进行分析与研究，作出科学判断，为控制事故发生提供必要的、可靠的依据。危险源辨识的理论方法主要有系统危险分析、危险评价等方法与技术。

在对危险源辨识的方法、步骤和程序上，涉及危险区域调查、危险源区域的划分原则、危险源辨识的组织程序、危险源辨识的技术程序等。通常来讲，作为一般的工业生产企业，主要涉及危险源辨识的组织程序和技术程序。

1. 危险性评价是辨识危险源的基础

危险性是指某种危险源导致事故、造成人员伤亡或财物损失的可能性。通常，危险性包括危险源导致事故的可能性和一旦发生事故造成人员伤亡或财物损失的后果严重程度两个方面。

系统危险性评价是对系统中危险源危险性的综合评价。危险源的危险性评价包括对危险源自身危险性的评价和对危险源控制措施效果的评价两方面。

系统中危险源的存在是绝对的，任何工业生产系统中都存在着若干危险源。受实际的人力、物力等方面因素的限制，不可能完全消除或控制所有的危险源，只能集中有限的人力、物力资源消除、控制危险性较大的危险源。在危险性评价的基础上，按其危险性的大小把危险源分类排队，可以为确定采取控制措施的优先次序提供依据。

采取了危险源控制措施后进行的危险性评价，可以表明危险源控制措施的效果是否达到了预定的要求。如果采取控制措施后危险性仍然很高，则需要进一步研究对策，采取更有效的措施使危险性降低到预定的标准。当危险源的危险性很小时可以被忽略，则不必采取控制措施。危险性评价方法有相对评价法和概率评价法两大类。

2. 危险源辨识、评价与控制的实施

按一般意义上的理解，应该在危险源辨识的基础上进行危险源评价，根据危险源危险性评价的结果采取危险源控制措施，但是在实际工作中，危险源的辨识、评价与控制这三项工作并非严格地按照程序分阶段独立进行，而是相互交叉、相互重叠进行的。

例如，在某一个系统中存在着大量的不安全因素，按定义都可被看做是危险源，实际上受人力、物力等因素的制约，只能把其中一部分具有较高危险性的不安全因素当作危险源来处理，忽略危险性较小的不安全因素，因此在辨识危险源的过程中也需要进行危险性评价。在选择控制措施控制危险源时，也同样如此，需要对控制效果进行相应的评价，通过评价选择最有效的控制措施。这种评价通常是通过对比控制前和控制后危险源的危险性进行的。在采取危险源控制措施时，虽然可以控制原有的危险源，危险源控制措施本身却又可能带来新的危险源和危险性，因此，在进行危险源控制时仍然需要进行危险源辨识和评价工作。

3. 危险源辨识的组织程序

在企业实际生产管理中，对危险源的辨识与监控，可以采取以下组织实施程序：

（1）对管理人员和技术人员进行专项培训。

（2）确认本企业主要危险源和主要危险源区域。

（3）组织生产班组和操作人员发现危险，进行危险辨识。

（4）组织进行专项设备设施检查，参考有关事故案例，参考有关规程、标准，确认主要危险源。

（5）安全管理人员对危险源进行调查汇总，对所发现的危险源进行审查确认。

（6）对危险源进行管理分级，采取分级监控的措施。

（7）对危险源提出有针对性的安全措施，并不断进行补充完善。

（8）填写危险源登记表，进行危险源分级监控管理。

4. 危险源辨识的技术程序

危险源辨识的技术程序，按照危险源的调查、危险区域的界定、存在条件的分析、潜在危险性分析和危险源等级划分等内容进行。

（1）危险源的调查。在进行危险源调查之前，首先确定所要分析的系统，例如是对整个企业还是某个车间或某个生产工艺过程。然后对所分析的系统进行调查，调查的主要内容包括：生产工艺设备及材料情况、作业环境情况、人员操作情况、事故发生情况、设备与作业安全防护等。

（2）危险区域的界定，即划定危险源点的范围。首先应对系统进行划分，可按设备、生产装置及设施进行划分子系统，也可按作业单元划分子系统。然后分析每个子系统中所存在的危险源点，一般将产生能量或具有能量、物质、操作人员、作业空间、产生聚集危险物质的设备、容器作为危险源点。再以源点为核心加上防护范围即为危险区域，这个危险区域就是危险源的区域。

（3）存在条件及触发因素的分析。一定数量的危险物质或一定强度的能量，由于存在条件不同，所显现的危险性也不同，被触发转换为事故的可能性大小也不同。因此，存在条件及触发因素的分析是危险源辨识的重要环节。存在条件分析包括：储存条件（如堆放方式、其他物品情况、通风等），物理状态参数（如温度、压力等），设备状况（如设备完好程度、设备缺陷、维修保养情况等），防护条件（如防护措施、故障处理措施、安全标志等），操作条件（如操作技术水平、操作失误率等），管理条件等。

触发因素可分为人为因素和自然因素。人为因素包括个人因素（如操作失误、不正确操作、粗心大意、漫不经心、心理因素等）和管理因素（如不正确的管理、不正确的训练、指挥失误、判断决策失误、设计差错、错误安排等）。自然因素是指引起危险源转化的各种自然条件及其变化，如气候条件参数（气温、气压、湿度、大气风速）变化（雷电、雨雪、振动、地震等）。

（4）潜在危险性分析。危险源转化为事故，其表现是能量和危险物质的释放，因此，危险源的潜在危险性可用能量的强度和危险物质的量来衡量。能量包括电能、机械能、化学能、核能等，危险源的能量强度越大，表明其潜在危险性越大。危险物质主要包括燃烧爆炸危险物质和有毒有害危险物质两大类。前者泛指能够引起火灾或爆炸的物质，如可燃气体、可燃液体、易燃固体、可燃粉尘、易爆化合物、自燃性物质、混合危险性物质等。后者指直接加害于人体，造成人员中毒、致病、致畸、致癌等的化学物质。可根据使用的危险物质量来描述危险源的危险性。

（5）危险源等级划分。危险源分级一般按危险源在触发因素作用下转化为事故的可能性大小与发生事故的后果的严重程度划分，实质上是对危险源的评价。按事故出现可能性的大小可分为非常容易发生、容易发生、较容易发生、不容易发生、难以发生、极难发生等级别。根据危害程度可分为可忽略的、临界的、危险的、破坏性的等级别。也可按单项指标来划分等级。如高处作业根据高差指标将坠落事故危险源划分为四级（一级 2～5 m、二级 5～15 m、三级 15～30 m、特级 30 m 以上），按压力指标将压力容器划分为低压容器、中压容器、高压容器、超高压容器四级。从控制管理角度，通常根据危险源的潜在危险性大小、控制难易程度、事故可能造成损失情况进行综合分级。

从控制管理角度，通常根据危险源的潜在危险性大小、控制难易程度、事故可能造成损失情况进行综合分级。

表 4—1 是航空工业和企、事业单位危险源的划分方法。Ⅰ级危险源是指可能造成多人死亡，设备系统造成重大损失的生产场所；Ⅱ

级危险源是指可能造成死亡或多人重伤，导致设备造成较大损失的生产场所；Ⅲ级危险源指可能造成重伤，导致设备造成损失的生产现场。不同行业与不同企业采取的划分方法也各异，企业内部也可根据本企业的实际情况进行划分。划分的原则是突出重点，便于控制管理。

表 4—1　　航空工业和企、事业单位危险源的划分方法

典型Ⅰ级危险源	典型Ⅱ级危险源	典型Ⅲ级危险源
锅炉房	变配电站	冲床
氢（氧）气站	喷漆厂房	带锯
大中型油库	起重吊车	剪床、油封间
硝盐槽	试车（飞）台（站）	木工平刨制冷间
弹（炸）药库	小型油库	落压床
空压站	汽油洗涤间	
煤气站	爆炸成型场所	
液化气站	各种金属熔炉	
乙炔站	剧毒品库	
厂内运输主要交叉道口	高处作业场所	
	气瓶库	

三、危险因素的分类

危险因素是指能够造成人员伤亡、影响人的身体健康、对物造成急性或慢性损坏的因素。严格地说，可分为危险因素（强调突发性和短时性）和危害因素（长时间的累积效应），但在此统称为危险因素。

根据生产过程和伤亡事故的国家标准不同，危险因素的分类方法可有三种。

1. 根据危害性质方法的分类

根据《生产过程危险和危害因素分类与代码》（GB/T 13816—1992）的规定，将生产过程的危险因素和危害因素分为 6 大类：

（1）物理性危险因素与危害因素。

(2) 化学性危险因素与危害因素。

(3) 生物性危险因素与危害因素。

(4) 心理、生理性危险因素与危害因素。

(5) 行为性危险因素与危害因素。

(6) 其他危险因素与危害因素。

2. 根据《企业职工伤亡事故分类》(GB 6441—1986) 的规定对伤亡事故类别进行分类

参照《企业职工伤亡事故分类》，综合考虑起因物、引起事故发生的诱导性原因、致害物、伤害方式等，将危险因素分为20类。

3. 参照《职业病范围和职业病患者处理办法的规定》分类

参照卫生部、原劳动部、财政部、总工会联合颁发的《职业病范围和职业病患者处理办法的规定》，将有害因素分为毒物、粉尘、噪声与振动、高温、低温、致病微生物、辐射（电离辐射、非电离辐射)、其他有害因素等8类。

四、危险源的分类

根据危险源定义，可知危险源是指一个系统中具有潜在能量和物质释放危险的、在一定的触发因素作用下可转化为事故的部位、区域、场所、空间、岗位、设备及其位置。也就是说，危险源是能量、危险物质集中的核心，是能量从哪里传出来或爆发的地方。危险源存在于确定的系统中，系统范围不同，危险源的区域也不同。例如，从全国范围来说，对于危险行业（如石油、化工等）具体的一个企业（如炼油厂）就是一个危险源。而从一个企业系统来说，可能某个车间、仓库就是危险源，一个车间系统可能某台设备是危险源。因此，分析危险源应按系统的不同层次来进行。

依据上述分析要点，危险源应由三个要素构成：潜在危险性、存在条件和触发因素。危险源的潜在危险性是指一旦触发事故可能带来的危害程度或损失大小，或者说危险源可能释放的能量强度或危险物质量的大小。危险源的存在条件是指危险源所处的物理、化学状态和约束条件状态，例如物质的压力、温度、化学稳定性，盛装容器的坚固性，周围环境障碍物等情况。触发因素虽然不属于危险源的固有属性，但它是危险源转化为事故的外因，而且每一类型的危险源都有相应的敏感触发因素；如易燃、易爆物质，热能是其敏感的触发因素；压力容器，压力升高是其敏感触发因素。因此，一定的危险源总是与相应的触发因素相关联。在触发因素的作用下，危险源转化为危险状态，继而转化为事故。

实际上，生产过程中的危险源即不安全因素种类繁多、非常复杂，它们在导致事故发生、造成人员伤害和财产损失方面所起的作用很不相同。相应地，控制它们的原则、方法也很不相同。根据危险源在事故发生、发展中的作用，把危险源划分为两大类，即第一类危险源和第二类危险源。

1. 第一类危险源分析

现实世界中充满了能量，即充满了危险源，也即充满了发生事故的危险。根据能量意外释放论，事故是能量或危险物质的意外释放，作用于人体的过量的能量或干扰人体与外界能量交换的危险物质是造成人员伤害的直接原因。于是，把系统中存在的、可能发生意外释放的能量或危险物质称作第一类危险源。一般的，能量被解释为物体做功的本领。做功的本领是无形的，只有在做功时才显现出来。因此，实际工作中往往把产生能量的能量源或拥有能量的能量载体看做第一类危险源来处理。例如，带电的导体、奔驰的车辆等。

在工业企业生产过程中，比较常见的第一类危险源主要有：

（1）产生、供给能量的装置、设备。产生、供给人们生产、生活活动能量的装置、设备是典型的能量源。例如变电所、供热锅炉等，它们运转时供给或产生很高的能量。

（2）使人体或物体具有较高势能的装置、设备、场所。使人体或物体具有较高势能的装置、设备、场所相当于能量源。例如起重、提升机械、高差较大的场所等，使人体或物体具有较高的势能。

（3）能量载体。拥有能量的人或物。例如运动中的车辆、机械的运动部件、带电的导体等，本身具有较大能量。

（4）一旦失控可能产生巨大能量的装置、设备、场所。一些正常情况下按人们的意图进行能量的转换和做功，在意外情况下可能产生巨大能量的装置、设备、场所。例如强烈放热反应的化工装置，充满爆炸性气体的空间等。

（5）一旦失控可能发生能量蓄积或突然释放的装置、设备、场所。正常情况下多余的能量被泄放而处于安全状态，一旦失控时发生能量的大量蓄积，其结果可能导致大量能量的意外释放的装置、设备、场所。例如各种压力容器、受压设备，容易发生静电蓄积的装置、场所等。

（6）危险物质。除了干扰人体与外界能量交换的有害物质外，也包括具有化学能的危险物质。具有化学能的危险物质分为可燃烧爆炸危险物质和有毒、有害危险物质两类。前者指能够引起火灾、爆炸的物质，按其物理化学性质分为可燃气体、可燃液体、易燃固体、可燃粉尘、易爆化合物、自燃性物质、忌水性物质和混合危险物质八类；

后者指直接加害于人体，造成人员中毒、致病、致畸、致癌等的化学物质。

（7）生产、加工、储存危险物质的装置、设备、场所。这些装置、设备、场所在意外情况下可能引起其中的危险物质起火、爆炸或泄漏。例如炸药的生产、加工、储存设施；化工、石油化工生产装置等。

（8）人体一旦与之接触将导致人体能量意外释放的物体。物体的棱角、工件的毛刺、锋利的刃等，一旦运动的人体与之接触，人体的动能意外释放而遭受伤害。

2. 第一类危险源危害后果的影响因素

第一类危险源的危险性主要表现为导致事故而造成后果的严重程度方面。第一类危险源危险性的大小主要取决于以下几方面情况：

（1）能量或危险物质的量。第一类危险源导致事故的后果严重程度主要取决于事故时意外释放的能量或危险物质的多少。一般地，第一类危险源拥有的能量或危险物质越多，则事故时可能意外释放的量也多。当然，有时也会有例外的情况，有些第一类危险源拥有的能量或危险物质只能部分地意外释放。

（2）能量或危险物质意外释放的强度。能量或危险物质意外释放的强度是指事故发生时单位时间内释放的量。在意外释放的能量或危险物质的总量相同的情况下，释放强度越大，能量或危险物质对人员或物体的作用越强烈，造成的后果越严重。

（3）能量的种类和危险物质的危险性质。不同种类的能量造成人员伤害、财物破坏的机理不同，其后果也很不相同。危险物质的危险性主要取决于自身的物理、化学性质。燃烧爆炸性物质的物理、化学性质决定其导致火灾、爆炸事故的难易程度及事故后果的严重程度。工业毒物的危险性主要取决于其自身的毒性大小。

(4) 意外释放的能量或危险物质的影响范围。事故发生时意外释放的能量或危险物质的影响范围越大，可能遭受其作用的人或物越多，事故造成的损失越大。例如，有毒有害气体泄漏时可能影响到下风侧的很大范围。

3. 第二类危险源分析

在企业生产过程中，为了利用能量，让能量按照人们的意图在生产过程中流动、转换和做功，就必须采取屏蔽措施约束、限制能量，即必须控制危险源。约束、限制能量的屏蔽应该能够可靠地控制能量，防止能量意外地释放。然而，实际生产过程中绝对可靠的屏蔽措施并不存在。在许多因素的复杂作用下，约束、限制能量的屏蔽措施可能失效，甚至可能被破坏而发生事故。导致约束、限制能量屏蔽措施失效或破坏的各种不安全因素称作第二类危险源，它包括人、物、环境三个方面的问题。

人的因素问题主要是人的不安全行为和人失误。不安全行为一般指明显违反安全操作规程的行为，这种行为往往直接导致事故发生。例如，不断开电源就带电修理电气线路而发生触电等。人失误是指人的行为的结果偏离了预定的标准。例如，错误地开启了开关使检修中的线路带电，误开阀门使有害气体泄漏等。人的不安全行为、人失误可能直接破坏对第一类危险源的控制，造成能量或危险物质的意外释放；也可能造成物的因素问题，物的因素问题进而导致事故。

物的因素问题可以概括为物的不安全状态和物的故障（或失效）。物的不安全状态是指机械设备、物质等明显地不符合安全要求的状态。例如没有防护装置的传动齿轮、裸露的带电体等。在我国的安全管理实践中，往往把物的不安全状态称作“隐患”。物的故障（或失效）是指机械设备、零部件等由于性能低下而不能实现预定功能的现象。物的不安全状态和物的故障（或失效）可能直接使约束、限制能量或危险物质的措施失效而发生事故。例如，电线绝缘损坏发生漏电，管路破裂使其中的有毒有害物质泄漏等。有时一种物的故障可能导致另一种物的故障，最终造成能量或危险物质的意外释放。例如，压力容器的泄压装置故障，使容器内部物质压力上升，最终导致容器破裂。物的因素问题有时会诱发人的因素问题，人的因素问题有时会造成物的因素问题，实际情况比较复杂。

环境因素主要指系统运行的环境，包括温度、湿度、照明、粉尘、通风换气、噪声和振动等物理环境，以及企业和社会的软环境。不良的物理环境会引起物的因素问题或人的因素问题。例如，潮湿的环境会加速金属腐蚀而降低结构或容器的强度；工作场所强烈的噪声影响人的情绪，分散人的注意力从而发生人失误；企业的管理制度、人际关系或社会环境影响人的心理，可能造成人的不安全行为或人失误。

第二类危险源往往是一些围绕第二类危险源随机发生的现象，它们出现的情况决定事故发生的可能性。第二类危险源出现得越频繁，发生事故的可能性越大。

4. 危险源与事故发生的关联性

一起事故的发生是两类危险源共同起作用的结果。第一类危险源的存在是事故发生的前提，没有第一类危险源就谈不上能量或危险物质的意外释放，也就无所谓事故。另一方面，如果没有第二类危险源破坏对第一类危险源的控制，也不会发生能量或危险物质的意外释放。第二类危险源的出现是第一类危险源导致事故的必要条件。

在事故的发生、发展过程中，两类危险源相互依存、相辅相成。第一类危险源在事故时释放出的能量是导致人员伤害或财物损坏的能量主体，决定事故后果的严重程度；第二类危险源出现的难易决定事故发生的可能性的大小。两类危险源共同决定危险源的危险性。第二类危险源的控制应该在第一类危险源控制的基础上进行。与第一类危险源的控制相比，第二类危险源是一些围绕第一类危险源随机发生的现象，它们的控制更困难。

五、危险源的控制管理

1. 危险源控制途径

危险源控制途径，可从三方面进行，即技术控制、人行为控制和管理控制。

（1）技术控制。即采用技术措施对固有危险源进行控制，主要技术有消除、控制、防护、隔离、监控、保留和转移等。

（2）人行为控制。即控制人为失误，减少人的不正确行为对危险源的触发作用。人为失误的主要表现形式有：操作失误、指挥错误、不正确的判断或缺乏判断、粗心大意、厌烦、懒散、疲劳、紧张、疾病或生理缺陷、错误使用防护用品和防护装置等。人行为的控制首先是加强教育培训，做到人的安全化；其次应做到操作安全化。

（3）管理控制。可采取以下管理措施，对危险源实行控制。

1）建立健全危险源管理的规章制度。危险源确定后，在对危险源进行系统危险性分析的基础上建立健全各项规章制度，包括岗位安全生产责任制、危险源重点控制实施细则、安全操作规程、操作人员培训考核制度、日常管理制度、交接班制度、检查制度、信息反馈制度、危险作业审批制度、异常情况应急措施、考核奖惩制度等。

2）明确责任、定期检查。应根据各危险源的等级分别确定各级的负责人，并明确他们应负的具体责任。特别是要明确各级危险源的定期检查责任。除了作业人员必须每天自查外，还要规定各级领导定期参加检查。对于重点危险源，应做到公司总经理（厂长、所长等）半年一查，分厂厂长月查，车间主任（室主任）周查，工段、班组长日查。对于低级别的危险源也应制订出详细的检查安排计划。

对危险源的检查要对照检查表逐条逐项，按规定的方法和标准进行检查，并做记录。如发现隐患则应按信息反馈制度及时反馈，促使其及时得到消除。凡未按要求履行检查职责而导致事故者，要依法追究其责任。规定各级领导人参加定期检查，有助于增强他们的安全责任感，体现管生产必须管安全的原则，也有助于重大事故隐患的及时发现和得到解决。

专职安技人员要对各级人员实行检查的情况定期检查、监督并严格进行考评，以实现管理的封闭。

3）加强危险源的日常管理。要严格要求作业人员贯彻执行有关危险源日常管理的规章制度。搞好安全值班、交接班，按安全操作规程进行操作；按安全检查表进行日常安全检查；危险作业经过审批等，所有活动均应按要求认真做好记录。领导和安技部门定期进行严格检查考核，发现问题及时给以指导教育，根据检查考核情况进行奖惩。

4）抓好信息反馈、及时整改隐患。要建立健全危险源信息反馈系统，制定信息反馈制度并严格贯彻实施。对检查发现的事故隐患，应根据其性质和严重程度，按照规定分级实行信息反馈和整改，做好记录，发现重大隐患应立即向安技部门和行政第一领导报告。信息反馈和整改的责任应落实到人。对信息反馈和隐患整改的情况各级领导和安技部门要进行定期考核和奖惩。安技部门要定期收集、处理信息，及时提供给各级领导研究决策，不断改进危险源的控制管理工作。

5）搞好危险源控制管理的基础建设工作。危险源控制管理的基础工作除建立健全各项规章制度外，还应建立健全危险源的安全档案和设置安全标志牌。应按安全档案管理的有关内容要求建立危险源的档案，并指定专人专门保管，定期整理。应在危险源的显著位置悬挂安全标志牌，标明危险等级，注明负责人员，按照国家标准的安全标志标明主要危险，并扼要注明防范措施。

6）搞好危险源控制管理的考核评价和奖惩。应对危险源控制管理的各方面工作制定考核标准，并力求量化，划分等级。定期严格考核评价，给予奖惩并与班组升级和评先进结合起来。逐年提高要求，促使危险源控制管理的水平不断提高。

2. 危险源（点）的分级管理

所谓危险源（点），是指包含第一类危险源的生产设备、设施、生产岗位、作业单元等。在安全管理方面，危险源（点）分级管理注重对这些危险源（点）的管理。

危险源（点）分级管理是系统安全工程中危险辨识、控制与评价在生产现场安全管理中的具体应用，体现了现代安全管理的特征。与传统的安全管理相比较，危险源（点）分级管理有以下特点：

（1）体现“预防为主”。危险源（点）分级管理的基础是危险源辨识和评价，它以系统安全分析和危险性评价作为基本手段，对隐含在危险源点中的潜在不安全因素进行识别、分析、评价，找出危险源控制方面需要特别加强的地方，提前采取措施把不安全因素消灭在萌芽阶段，从而大大提高了安全管理的主动性、科学性和有效性。

(2) 全面系统的管理。危险源（点）分级管理是把整个危险源（点）作为一个完整的系统，它通过对有关的人员、设备、环境、信息等诸要素的综合管理取得危险源（点）控制的最佳效果。对系统整体安全目标的追求势必导致对各管理要素提出更高的要求，从而有助于实现安全管理的标准化、规范化和科学化。

(3) 突出重点的管理。企业中存在着大量的危险源（点），每个危险源（点）都有发生事故的可能性。但是，不同的危险源（点）、不同的危险源（点）发生事故的危险性是不同的，安全管理工作应该把管理、控制重点放到发生事故频率高、事故后果严重的危险源（点）上。

根据危险源（点）危险性大小对危险源（点）进行分级管理，可以突出安全管理的重点，把有限的人、财、物力集中起来解决最关键的安全问题。抓住了重点也可以带动一般，推动企业安全管理水平的普遍提高。

第二节　重大危险源的申报登记与管理监控

《安全生产法》第三十三条规定："生产经营单位对重大危险源应当登记建档，进行定期检测、评估、监控，并制定应急预案，告知从业人员和相关人员在紧急情况下应当采取的应急措施。生产经营单位应当按照国家有关规定将本单位重大危险源及有关安全措施、应急措施报有关地方人民政府负责安全生产监督管理的部门和有关部门备案。"

一、重大危险源的申报登记

1. 申报登记工作的目标和任务

重大危险源申报登记制度是重大危险源监控制度建立的基础，是安全生产工作中的一项基础性工作。通过重大危险源申报登记，掌握重大危险源的数量、分布及其状况，为政府及有关部门的管理和决策及时提供准确的信息。对重大危险源的监督管理工作，国家安全生产监督管理总局将在申报、登记、建档的基础上，制定出台《重大危险源监督管理规定》，依据该规定对重大危险源实施定期检测、评估、监控，实现重大危险源监控管理的科学化和制度化。

申报登记工作的任务是：

(1) 掌握重大危险源的数量、状况和分布，建立重大危险源申报、登记、评价、分级监管体系。

(2) 建立国家、省（区、市）、市（地）、区（县）四级重大危险源监控信息管理网络系统。

2. 重大危险源的申报范围

根据《重大危险源辨识》，重大危险源分为生产场所重大危险源和储存区重大危险源两种，储存区重大危险源包括储罐区重大危险源和库区重大危险源。因此，按照《重大危险源辨识》，重大危险源包括三种类型：①储罐区（储罐）；②库区（库）；③生产场所。

为加强管理、统一标准、规范运行，国家安全生产监督管理总局（国家煤矿安全监察局）提出了《关于开展重大危险源监督管理工作的指导意见》（安监管协调字［2004］56号）。依据该指导意见重大危险源的类别增加以下类别：①压力管道；②锅炉；③压力容器；④煤矿（井工开采）；⑤金属非金属地下矿山；⑥尾矿库。

和机械制造与加工企业有关的，主要是库区（库）危险物品临界量（见表4—2）、生产场所危险物品临界量（见表4—3）、锅炉、压力容器等。

表4—2　库区（库）危险物品临界量

类别	物质特性	临界量（t）	典型物质举例
易燃液体	闪点＜28℃ 28℃≤闪点＜60℃	20	汽油、丙烯、石脑油等 煤油、松节油、丁醚等
可燃气体	爆炸下限＜10% 爆炸下限≥10%	100	乙炔、氢、液化石油气等 氨气等

表4—3　生产场所危险物品临界量

类别	物质特性	临界量（t）	典型物质举例
易燃液体	闪点＜28℃ 28℃≤闪点＜60℃	1	汽油、丙烯、石脑油等 煤油、松节油、丁醚等
可燃气体	爆炸下限＜10% 爆炸下限≥10%	2	乙炔、氢、液化石油气等 氨气等

（1）符合下列条件之一的锅炉：

1）蒸汽锅炉。额定蒸汽压力大于2.5 MPa，且额定蒸发量大于等于10 t/h。

2）热水锅炉。额定出水温度不小于120℃，且额定功率不小于14 MW。

（2）符合下列条件之一的压力容器：

1）介质毒性程度为极度、高度或中度危害的三类压力容器。

2）易燃介质，最高工作压力不小于0.1 MPa，且PV不小于100 MPa·m^3的压力容器（群）。

3. 重大危险源申报表填写注意事项

重大危险源申报的目的是掌握重大危险源的状况及其分布，为重大危险源评价、分级、监控和管理提供基础数据。重大危险源申报表分为三类：第一类为生产经营单位基本情况表；第二类为各类重大危险源基本特征表；第三类为重大危险源周边环境基本情况表。

填表时，应根据生产经营单位的实际情况填写生产经营单位基本情况表以及所有符合申报范围的重大危险源基本特征表。生产经营单位存在哪一类别的重大危险源填报相应的重大危险源基本特征表，每个重大危险源填表一份。储罐区（储罐）、库区（库）、生产场所及其他可能给周围环境造成严重后果的重大危险源应填写重大危险源周边环境基本情况表。

填写重大危险源申报表时应当注意以下几点：

（1）重大危险源申报表的填报、图文资料，必须坚持实事求是的原则，严格按照规范填写，如实地反映实际情况。

（2）填表应用钢笔，表格内容要认真逐项填写，无此项内容时填写“无”，因故无法填写的内容应注明原因。

（3）当重大危险源申报涉及保密数据时，应遵守有关保密规定。

（4）填空类分两种：①填写数值，如危险物品临界量、机械制造、加工设备数量等。数值填写一方面要求准确，另一方面要注意数值的单位，数值填写请按申报表中给出的单位填写。②数值以外的其他类型的数据，如名称、地址、日期、电话、型号以及影响企业安全生产的主要问题说明等。名称应该写全称，地址应该写详细，主要问题说明应该抓住重点，要把问题说清楚，且简明扼要。

（5）选择类的填写分为两种：①单项选择，对于某一项目给出几种选择；针对填表单位的实际情况，选择一个最合适的选项。如经济类型、机械制造与加工方式、主要生产设备、企业危险源等级等，最合适的选项是唯一的。②多项选择，对于某一项目给出几种选择，如“企业存在以下哪几种灾害类型”“乙炔发生器有以下哪几种防火措施”等。多项选择出现的情况比较少，绝大多数都是单项选择。

二、重大危险源的管理监控

生产经营单位对重大危险源的管理监控有以下职责：

（1）存在重大危险源的生产经营单位应当加强重大危险源的安全管理与监控，生产经营单位的主要负责人对本单位的重大危险源安全管理与监控工作全面负责。

（2）生产经营单位应当按照《安全生产法》《重大危险源辨识》（GB 18218—2000）和申报登记范围的要求对本单位的重大危险源进行登记建档，并填写《重大危险源申报表》报当地安全监管部门（或煤矿安全监察机构）。对新设立或者新构成的重大危险源，生产经营单位应及时报告当地人民政府安全生产监督管理部门备案；对已不构成重大危险源的，生产经营单位应及时报告核销。

（3）生产经营单位应当每两年至少对本单位的重大危险源进行一次安全评估，并出具安全评估报告。安全评估工作应由注册安全评价人员或注册安全工程师主持进行，或者委托具备安全评价资格的评价机构进行。安全评估报告应包括重大危险源的基本情况，危险、有害因素辨识与分析，可能发生的事故类型、严重程度，重大危险源等级，安全对策措施，应急救援措施和评估结论等。安全评估报告应报当地安全监管部门备案。

（4）重大危险源的生产过程以及材料、工艺、设备、防护措施和环境等因素发生重大变化，或者国家有关法规、标准发生变化时，生产经营单位应当对重大危险源重新进行安全评估，并将有关情况报当地安全监管部门。

(5) 生产经营单位的决策机构及其主要负责人，或者个人经营的投资人应当保证重大危险源安全管理与监控所必需的资金投入。

(6) 生产经营单位必须建立健全重大危险源安全管理规章制度，制定重大危险源安全管理与监控的实施方案。

(7) 生产经营单位应当对从业人员进行安全教育和技术培训，使其掌握本岗位的安全操作技能和在紧急情况下应当采取的应急措施。

(8) 生产经营单位应当将重大危险源可能发生事故的应急措施信息告知相关单位和人员。

(9) 生产经营单位应当在重大危险源现场设置明显的安全警示标志，并加强有关设备、设施的安全管理。

(10) 生产经营单位应当对重大危险源中的工艺参数、危险物质进行定期的检测，对重要的设备、设施进行经常性的检测、检验，并做好检测、检验记录。

(11) 生产经营单位应当对重大危险源的安全状况进行定期检查，并建立重大危险源安全管理档案。

(12) 对存在事故隐患的重大危险源，生产经营单位必须立即整改，采取切实可行的安全措施，防止事故的发生，并及时报告当地人民政府安全生产监督管理部门。

(13) 生产经营单位应当对重大危险源制定相应的现场应急救援预案，落实应急救援预案的各项措施，每年进行一次事故应急救援演练。重大危险源应急救援预案必须报送当地人民政府安全生产监督管理部门备案。

第三节　机械制造与加工企业事故隐患治理经验与做法

一、中国一拖集团公司应用预先危险性分析的做法与经验

中国一拖集团有限公司（以下简称一拖集团公司）是一个建厂近50年的特大型国有企业。近年来，为加快发展速度，企业的技改力度加大，工艺布局调整步伐加快，作业场地及设备搬迁工程量大、项目多，设备改造、大修、检修任务繁重，且时间紧、要求高，与生产活动同步进行。该企业高空、地下，多单位立体交叉作业，在客观上存在着多种危险因素，如不采取相应的技术和安全管理防范措施，一旦发生事故，不仅将使企业在经济上蒙受重大损失，还会直接危及职工的生命安全，也影响广大职工群众的生产积极性，影响生产的发展和经济效益的提高。

通过对一拖集团公司历年来的工伤事故类型统计分析可以看出，一些重大的人身伤亡事故主要发生在设备检修、大型工程安装、新产品试制、新设备的安装调试等活动中，如果在工程启动之前，对其存在的危险性加以辨识评价，采取相应的技术和管理措施，绝大多数的事故是可以预防和避免的。由于事先对系统危险性作了分析、评价，不仅投入少，更重要的是可以取得防患于未然的效果，因此，一拖集团公司在近几年中，对预先危险性分析这种科学的管理方法进行了有力的探索，并取得了一定成效。具体有以下几点做法：

1. 科学分析，形成制度

集团公司由安全处牵头，组织有关专业技术人员把预先危险性分

析这种科学的方法加以改造，将它从初始应用的产品设计领域引入并应用于工程施工领域，利用其系统原理和科学的分析方法，分析评价工程施工和设备检修项目中由人、机、物、环境组成的系统的危险性，从而指导施工单位和人员采取针对性的安全防范措施。在此基础上逐步完善分析方法，使之更加适合工程施工和设备检修等工作，并纳入一拖集团公司《危险作业审批管理规定》，使之制度化、规范化。

2. 抓好关键，以点带面

预先危险性分析能否在实践中正确运用，关键在于主管和技术人员的认识和组织水平。因此，一拖集团公司把组织各单位安全及相关部门的主管人员、工程技术人员认真学习预先危险性分析的基本理论和分析方法，掌握具体的分析步骤，作为工作中的重要一环，先行抓好。

3. 辨识危险，实现“四严”

在工业生产中，各种工艺过程和生产设施，都是为了把资源转换成半成品或成品，而这种转换不可能达到完全的程度，因此，必然会有一部分剩余的能量或物质，形成工业生产中的危险因素。如氧气生产过程中的液氧排放，如果得不到控制，造成能量泄漏，就会导致事故的发生，从而造成人员的伤亡和财产的损失，甚至社会灾难。因此，要控制现存或固有的危险因素，首先要对这些危险因素加以辨识。

在推行这一科学管理方法时，有的干部职工认为，危险性辨识没什么难处，凭经验就行了，实际上并非如此。因为危险因素的存在虽然有其固有性，但不是静止的，而是动态的，是一个变量，具有潜在性、突发性，在某些特定的条件和环境下，危险性是可以转化的，而没有丰富的基础理论知识和实践经验，不系统地去评价它，就可能出现分析不到位、漏项、评价不准确等问题，最终导致采取措施不当，难以达到预防控制事故的目的。一拖集团公司在推广应用这一方法时，着力提高广大干部职工对危险性辨识的掌握和应用能力，在组织培训时，重点在以下两个方面加强对危险性辨识基础理论的培训：

（1）生产场所的能量及其转换原理。用能量流动的观点观察生产场所及活动就会发现，生产场所和活动是由能量及其载体构筑的。综合生产场所能量的存在或表现形式主要有：机械能（包括动能和势能）、电能（水力、火力、风力、核能、波能等发电）、热能、化学能、生物能、原子能、辐射能（包括电磁辐射、太阳辐射和声能）等。事实上，大多数事故都是能量转换的结果。如 2000 年 12 月 25 日洛阳市东都商厦因施工人员操作电气焊的焊渣（热能）掉在底层存放的沙发（泡沫塑料）上，引起火灾（化学反应），产生有毒气体，致使 309 人中毒死亡。所以，了解生产作业场所和活动中的能量形式，掌握其运行规律，分析其可能发生的能量泄漏及转换规律，是预先危险性分析、危险性辨识的基础和前提。

（2）人和环境的影响。除对系统的危险性加以辨识外，人的不可控因素也不容忽视。行为科学的理论表明，人的可控性极低，工作时往往由于生理和心理的因素造成误操作，导致事故发生。另外，还要考虑环境的影响。一拖集团公司在推行、应用预先危险性分析方法中，采取了“四严”控制法进行管理，即严格落实责任制、严格规章制度、严格操作规程、严格安全教育。

4. 完善措施，建立体系

进行危险性辨识和事故预测，是预先危险性分析的第一步，更重要的是在预测的基础上建立预防保证体系。一拖集团公司在每项工程活动之前，都由工程项目负责人组织有关人员对设计方案和施工方案的每一具体过程按系统进行分析、评价、分级，采取针对性防范措施，认真落实各种安全用具、个人防护用品，如脚手架、安全网、安全带、标志牌等物质保障措施的到位。对所需的人力、物力、财力等都要落实责任部门及责任人，按照“分级管理，分线负责”原则建立、健全分级监控体系和安全保证责任体系，把监控工作落实到每一个环节，确保工程顺利进行。

近几年来，一拖集团公司第二铸铁厂、柴油机公司等“十五”大型技术改造项目及各类设备大修，在时间紧、任务重，点多、面广，带电、动火、高空、立体交叉作业，危险程度高的情况下，由于较好地应用了预先危险性分析方法，对每项工程都采取了针对性的安全防范措施，并落实了安全技术保证体系和责任制，对施工过程实施全程监控，保证了安全，未发生一起事故。

2003 年，一拖集团公司为加快实现“百亿工程”，对产品结构进行大力度调整，生产布局优化整合，厂房、设备搬迁，涉及单位多、面积大，参战人员多，且边生产、边拆迁、边搬运、边安装，整体工程纵横交错，情况复杂，危险因素多，危险程度高。由于集团公司领导重视，各参战单位安全部门严格按照集团公司《危险作业审批管理标准》，在每一项工程开工前积极组织内部和外来施工单位进行预先危险性分析，认真填写《危险作业申请单》《检修（工程）项目安全防护汇总表》《预先危险性分析表》，对不同等级的危险因素严格控制，安全技术保证体系到位，安全防范措施责任到人，有效地保证了工程项目的安全顺利进行。

二、张小泉剪刀厂防范冲压伤手事故的做法与经验

张小泉剪刀成名已有 336 年的历史。制作精细，一丝不苟，是张小泉剪刀成为名牌产品的生产特色，特别是对年产量高达 4 000 多万把的张小泉剪刀来说，把把剪刀凝聚着职工群众的艰辛，有时甚至付出沉重的代价。

剪刀生产有 22 道工序，其中，落料（裁件）、成型（剪坯）、打眼（钻孔）、平整（直缝）四道工序是由冲、压床加工完成的。全厂有生产设备 386 台，不同吨位的冲床、压床（最大 300 t，最小 6.3 t）69 台，散布于各分厂、车间。在剪刀生产中所发生的各类事故的情况统计显示，占设备总量 18％的冲压床伤手事故，占事故总量的 70％以上，而此类事故多数又是致残性质的。1987 年 11 月 17 日下午，一位年仅 26 岁的男青年在 80 t 冲床上裁切旅游多用剪头时，右手不慎进入模区，当即被压去中指、无名指、小指几节手指，直接导致人员伤残和经济损失。惨痛的教训，使工厂的领导深刻认识到，如何防止冲、压床的伤手事故是个亟待解决的问题。他们从事故原因的剖析中认识到：手距模区近（有的不到 1 cm）、安全防护措施不完善是主要问题；其次，对职工的安全技术培训未做好；最后，制度不够完善，执法不严。为了从根本上解决冲、压床伤手的危险，工厂采取了如下措施：

（1）安全防护不到位坚决不投产，对落料、打眼、平整工序改为自动或半自动模进料。厂部鼓励技术人员设计自动或半自动模，对安全模具的设计和制造有重大贡献的技术人员和能工巧匠，给予开发新产品一样的同等奖励，从第一台自动模（级进模）诞生起，各类自动或半自动模频频在各分厂、车间亮相，并投入使用。这不仅大大提高

了生产效率，更重要的是避免了伤手的直接危险。

（2）冲、压工上岗操作，实行3个月见习期，由师傅带领，期满6个月，经过安全部门考核合格，并发给安全操作证，才能独立操作。工厂把冲、压工种作为厂内特殊工种，在管理上与电工、焊工、锅炉工、叉车驾驶工、电梯工等同等看待，每年定时对他（她）们进行安全操作知识复训、考试。复训、考试的内容包括：冲、压床的工作原理，安全操作规程以及安全制度及国家法规等。与此同时，对部分离岗又复岗的冲、压工及时地进行复岗安全教育。

（3）警示牌一目了然地提醒职工操作时思想要集中，手不能进模区。为了使冲、压操作工能安全操作，警钟长鸣，工厂在冲、压工段内的墙上用镜框悬挂“冲、压床安全操作规程”，并又在每台冲、压床的滑块或面对操作工作的盖板上装钉了“操作时，思想要集中，手严禁进模区!”的蓝底白字搪瓷警示牌。

（4）汇编冲、压事故案例，装订成册。工厂把历年来厂内所发生过的冲、压事故，特别是造成断指伤害的部分，绘画成彩色图像（伤残的手），同时说明受伤者的姓名、年龄、性别以及事故发生的时间、地点、原因、损失情况、防范措施，作为对分厂、车间、班组负责人进行安全管理知识培训的资料和每年定时对冲、压工进行安全操作知识复训时的教材。案例清楚说明，如违章指挥、违章操作，冲、压床这个“铁老虎”咬人是无情的。

（5）严格执法，并完善安全技术措施。工厂制定有包括安全生产责任制在内的各种安全生产制度19个，其中在安全生产奖罚制中，对违章指挥的处罚特别严厉，还规定操作工有权拒绝使用不安全模具；同时，严禁在运转冲床的模区直接用手捞物，不准无证独立操作，不准未切断总电源装模具，不准利用冲床惯性运转（切断电源后）清洁保养或加油等，根本的问题是检查安全技术人员是否真正负起责任来。如民用剪刀的脚圈以前是炉灶烧红、手工锻打而成，通过工艺改革，剪刀脚由 160 t 摩擦压力机冷压一次成形，但在操作时，手距模边不到 0.5 cm，伤手的事故随时有可能发生。工厂就和分厂领导、职工共同研究，先设计钳子，后又设计安全挡板，在使用中改进完善。这样，不但解决了安全问题，生产任务也完成得比较好。

（6）冲床噪声治理。冲床噪声的危害体现在几台冲床的高噪声，造成整个工段工作环境恶劣，正如有的操作工所说："噪声太响，冲几把（剪刀）就不想做下去。"1987 年 2 月开始，厂里就采取了控制冲床发声源为基本手段的综合性治理措施，使冲床较集中的旅行剪车间的噪声平均达 83 dB（A），比原来下降 15 dB（A），该成果曾获原劳动部第二届劳动保护科技进步三等奖。以控制冲床发声源为基本手段的技术措施，在各分厂、车间得到全面推广。冲床噪声治理的成功，不仅消除了职业危害，也排除了操作伤手的一个诱因。

由于领导重视，积极采取全方位的安全技术措施，十余年来张小泉剪刀厂没有发生过冲压事故，其他各类事故也大幅度下降，但安全工作这根弦一直没有放松。在完成生产计划发给工资，超产有奖不封顶的计酬制下，有的职工力图方便，不装安全挡板的现象依然存在，如未待检查人员到机床边，就急忙把安全挡板装上。因此，在市场经济条件下，安全技术工作者要不断学习，提高业务技术素质，和职工一起，立足于生产现场，多干实事，这是预防冲压事故或其他各类事故发生的一条行之有效的经验。

三、广州本田汽车公司涂装生产预防和控制危害的做法

汽车涂装主要起到保证车身防腐机能、靓化外观的作用。然而，在为顾客提供舒适美观、经久耐用车身的同时，涂装生产过程因大量使用溶剂等危险化学品，设备本身的复杂性和危险性，以及高温、高压工艺条件，也存在各种危害因素。如何在涂装生产中预防和控制危害发生，对劳动者实施有效的保护，是汽车行业面临的十分重要的课题，广州本田汽车有限公司（以下简称广本公司）对此进行了积极的探索。

1. 对火灾爆炸危险的防护

油漆是汽车涂装过程中使用的最主要的材料。由于油漆本身含有的树脂和溶剂都属于易燃、易爆化学品，而且在调漆过程中需要添加闪点更低的各种稀释剂，在储存、调和、输送和喷涂过程中，一旦控制不好，很容易发生火灾爆炸事故。

为了消除火灾爆炸事故隐患，广本公司车身的油漆喷涂作业在专用的喷漆室中进行，喷漆室内部设置七氟丙烷灭火系统。工艺设计上采用上送风、下排风系统，送排风风量可保证喷漆室内的各种有机气体浓度在爆炸极限的10%以下。此外，送排风系统、涂装机器人、油漆输送系统均与消防主机联锁，任何一个环节出现火警，消防主机将会输出指令，在指示人员疏散的同时，中断喷涂设备动作、关停风机、切断油漆供应。在可能产生有机气体积聚的部位，公司设置了有机气体浓度检测报警装置，一旦有机气体浓度超过爆炸极限的10%，将发出报警信号，24 h值班人员在接收到报警信号后，将按照程序文件规定进行应急处理。

很多火灾爆炸事故都是由静电火花引起的。涂装生产中车身的移动输送、作业者衣服摩擦、油漆输送以及静电喷枪在喷涂过程中都可能产生并积聚大量静电。为消除静电危害，广本公司采取了如下措施：在喷漆室前安装接地检测和除静电吹扫装置来消除车体带电；喷涂作业人员只有在穿戴防静电服、防静电鞋和静电喷枪专用手套，通过人体静电检测仪检测后，方可进入喷漆室作业；所有的油漆储存、输送和喷涂设备均设置有效的接地线，其接地情况和接地电阻由车间安全员每天检查、检测和记录。

液化石油气燃气设备是另一火灾爆炸危险源。广本公司涂装领域所有液化石油气燃气设备均安装吸入式和扩散式两套浓度检测报警装置。一旦出现液化石油气泄漏，检测探头会将信号发送到现场设备控制柜和涂装设备总控制柜，两个控制柜同时发出声光报警信号。随着报警信号的发出，现场设备的液化石油气供气阀及涂装车间的液化石油气供气总阀将会自动切断，只有在报警得到有效处理后，才能手动恢复液化石油气供给。

2. 对毒物危害的防护

在降低涂装材料毒害方面，广本公司采取多项措施，取得了较好成效。目前，涂装领域全部采用无铅电泳涂料，中涂、面涂油漆、稀释剂中不含苯。2006 年建成的第二条涂装生产线在中涂和面漆工序采用水性漆喷涂，更加安全环保。现有的车底防砾石涂料挥发性有机气体（VOC）含量已降到行业最低标准，低 VOC 含量的密封胶正在测试中，很快将正式投入使用。毒物危害作业人员的途径主要有呼吸和皮肤接触两种。广本公司所有的涂装工位均设置全新通风空调，人均送气量达到 1 600 m^3/h。在油漆喷涂、内腔防锈等有毒化学品使用工位，公司为员工配备了防毒口罩，以及专门设计的作业帽和专用防护眼镜，并定期委托广州市职业病防治院职业卫生检测中心进行现场空气采样和检测，一旦毒害物浓度超过标准值，立刻实施整改。此外，广本公司每年会组织员工到广州市职业病防治医院进行身体健康状况检查，对涂装员工的白细胞等指标做重点监督，从事喷漆作业的员工还会享受定期的脱产疗养待遇。

3. 对粉尘危害的防护

涂装粉尘主要来自涂装漆面缺陷的修补过程，集中在电泳漆打磨、中涂漆打磨和面漆抛光三道工序。电泳漆和中涂漆表面小缺陷的手工打磨以及面漆抛光产生粉尘量较少，而利用研磨机对较大的缺陷进行打磨时，产生的粉尘量较多。

广本公司在打磨工序安装了大功率的吸尘设备，研磨机用软管连接到吸尘设备上。在机磨作业时，产生的粉尘绝大部分通过软管吸入吸尘设备中进行集中处理。另外，打磨和抛光工序的作业室体下部设有水槽，水槽侧边装有排气风机抽风口，生产过程中扬起的少量粉尘会被排风系统迅速带走或落入水中。所有可能接触到粉尘的作业人员均佩戴防尘口罩，班组长对口罩的佩戴情况进行管理，专职安全员每天进行巡视监督。

4. 对噪声危害的防护

作业人员长期接触高强度噪声，会对听觉系统造成严重损伤，甚至导致噪声性耳聋。涂装生产中的噪声主要来自压缩空气干燥机、气动涂料输送泵、大功率风机和水泵以及气动手工工具等。针对以上问题，广本公司在提供员工听力保护用品的同时，力图通过源头控制，降低设备本身产生的噪声强度。如对压缩空气干燥机和涂料泵设置隔音降噪间，避免噪声外泄；购买使用低噪声型风机、水泵，并将其安装在远离员工日常作业的区域；对于高噪声的气动工具，则在保证安全的前提下尽量用电动工具取代。

5. 对其他危害的防护

涂装漆面检查及打磨工位，需要借助强光进行缺陷检查，职工长期处于强光环境下，会对眼睛造成伤害。因此，广本公司对强光区域照明进行改造，使照度分布更加合理，并实现不同颜色的车体检查，选用不同照度的灯光。在高温设备区域，如烘房附近，虽然没有员工作业，但是遇到设备故障，也需要保全人员进行检修。为此，广本公司专门购买了移动式空调器，可以随时放置在检修现场进行局部降温。

四、上海港机公司运用科学技术提高安全管理水平的经验

上海港机股份有限公司（以下简称上港公司）隶属于中国港湾建设（集团）总公司，主要生产门式起重机、浮式起重机、装卸船机、集装箱起重机、钢厂用桥式起重机、船厂用门式起重机等六大系列产品。从专业角度来讲，上港公司属于技术密集型、劳动密集型的企业，在生产上既有机械行业的共性，又有建筑行业的特点，作业高度达近百米，部件重量大都数百吨，而且露天作业相当多，安全管理工作难度大。

上港公司多年来结合自身的特点，逐步形成了一系列安全管理的机制，通过组织领导、制度完善、过程控制、教育培训、考核激励等工作的环环紧扣和互动作用，把“安全第一，预防为主”的方针落到实处。在安全工作中，该公司以严格、科学的管理来强化基础工作，以先进创新的技术手段来提高安全工作，通过企业自身的细化，并以具体化的措施予以落实，将科学技术成果应用到安全工作中。

1. 加强安全生产的组织领导

上港公司建有公司和部门的两级安全生产领导小组和由公司职能部门到生产车间、分厂、子公司一级的专职安全员，再到每个生产班组的兼职安全员的系统组织网络。公司和部门的主要行政负责人担任安全管理的第一责任人，将安全工作的效能作为部门双文明建设业绩的先决衡量指标。

2. 完善安全生产规章制度

公司有一整套安全管理的规章制度，并随产品结构和制造工艺的变化及时进行修订和增补，使安全管理制度无空白点，无遗漏处，确保安全，工作有法可循、执法有据。过程控制：控制是现代企业管理的主要思想和手段，安全管理的过程，集中反映了各级责任制的落实情况、规章制度的执行程度和现场的控制状态。针对作业现场分散、产品结构庞大、制造周期短、高空作业频繁、安装难度高、危险程度大等特点，上港公司加大了现场安全管理的巡查力度，将重点产品、大型产品视为重点防范目标，对各种登高设备、设施和安全防护用品实施重点检查。

3. 做好人员的教育培训

公司以广播、黑板报、知识竞赛，观看录像、安全事故案例图解展示、出版安全画册等内容丰富、形式多样的活动，坚持日常安全教育和“安全生产宣传周”“反三违月”的专题教育相结合，营造持久的宣传声势和舆论氛围，不断提高职工的安全素养。同时，加强对特种作业人员和外来施工人员的安全技术培训考核，2000 年完成了对 1 200 多名持证上岗者的培训与考核。考核是对责任人的安全工作业绩进行科学评估、合理奖惩的过程。根据月、季、年度的考核结果，总结经验，弘扬先进，树立榜样，激励引导。

4. 运用科学技术提高安全管理水平

近几年来，公司斥巨资推广应用先进的计算机技术，取得了可喜的成果。CAD工程的实施，大大提高了图纸质量，缩短了设计周期，为产品制造赢得了宝贵的时间，也减少了生产进度与安全生产的矛盾；CIMS制造信息集成系统的成功启动，实现了全厂信息共享，使公司的综合管理水平，包括安全管理水平有了质的飞跃。同时，公司以2亿多元的投资用于技术改造和基本建设，扩大了生产规模和竞争实力，拓展了安全管理的有效空间。已完成的200多项技术改造项目，以先进的加工设备取代了老化的传统设备；新建的张家港总装基地大大改善了产品现场施工作业的环境，为创造人、机、环境的最佳配合状态提供了现代化的物质条件。

由于上港公司坚持以管理强基础，以科技作突破，安全管理在企业两个文明建设中所发挥的作用越来越明显。企业也连续获得上海市设备管理先进单位，上海市安全生产先进单位，上海市安全行车先进单位，浦东新区治安安全合格单位等殊荣。

五、北京煤矿机械厂把握重点部位强化安全管理的经验

北京煤矿机械厂是20世纪50年代末兴建的国有大型企业，现有职工2 600人。近几年来，该厂不论是在企业发展低谷阶段，还是在实现振兴的今天，始终坚持“安全第一，预防为主”的方针，以杜绝生产安全事故为目标，从抓基层、打基础工作入手，做好教育培训、资金投入、安全管理三项工作，创下连续10年无生产安全事故的好成绩。

1. 注重教育培训，提高安全素质

企业安全生产的实践主体是全体职工，安全管理的核心也是职工。以人为本，强化安全生产教育培训，努力提高职工的综合素质，是实现安全生产的前提。在坚持零死亡、零事故的目标指导下，该厂把切实提高职工的安全意识和安全生产能力作为基础性工作来抓，采取了多种行之有效的方式，抓好安全生产的宣传教育和培训。该厂在生活区、生产区、办公区的醒目之处都设有安全生产宣传栏，张贴安全生产宣传画，悬挂安全横幅、彩旗等，安全氛围十分浓厚。

该厂加强对职工的日常安全教育，坚持车间、班组班前会制度，组织职工学习安全生产法律法规、安全操作规程，结合岗位安全生产工作的实际情况，提出具体要求，并定期通报厂内的安全动态，用职工违章作业的事实，教育职工增强自我防护意识，克服习惯性违章行为。该厂对职工进行培训，采取脱产与业余培训相结合的办法，分期、分批举办安全管理人员、特种作业人员、新入厂和转岗职工的安全培训班，学习安全知识、安全操作规程及操作技能，对培训对象进行考试，凡考试不合格人员都要进行再培训，取得上岗证后方能从事生产工作。自 2004 年年初以来，该厂共培训职工 2 540 人，占职工总数的 98%，职工持证上岗率达到 100%。

2. 舍得资金投入，提供安全保障

该厂受机器设备使用年限等因素的影响，原有 80 台起重设备，目前已经有 57 台接近报废期。为尽快更新设备，消除安全隐患，该厂坚持科学的发展观，正确处理安全与生产、安全与效益、安全与投入的关系，以安全生产大局为重，近两年间，先后更新 11 台起重设备，对 20 台起重设备进行了大修，仅此项工作就投资近 1 000 万元。为从根本上治理安全隐患，该厂制定了安全隐患治理规划，从 2003 年起，力争用 5 年时间投入资金 2 亿元，对厂内落后的机器设备予以淘汰。该厂对厂房进行了改建、扩建，给车间天窗安装了防护网，防止玻璃破损落地伤人，同时还引进新技术、新工艺、新材料，加强对机器伤人、工业中毒、噪声的防治，切实做好职工安全健康工作。

3. 把握重点部位，强化安全管理

结合实际情况，该厂进一步加强对安全工作的领导，健全各项制度，全面落实管理措施，确保安全形势的平稳。按照《安全生产法》的规定，该厂建立了一把手对本单位安全生产工作全面负责的责任制，从厂长、主管领导、分厂负责人、机关科室、车间班组，到每位员工，每年年初均层层签订安全生产管理目标责任书和安全保证书，成立了由厂长任主任的安委会，坚持每月定期召开一次安全生产例会，总结工作，分析情况，解决发生的问题，部署安全生产任务。该厂制定了10项安全管理制度，完善了应急救援预案，使相关制度更加具体化、规范化、科学化，做到安全管理有章可循。通过认真梳理，该厂确定了二氧化碳站、液化气站、氧气站、储油库4处危险源为防控重点，并加强组织领导，选配得力人员，充实消防设备，强化安全管理，坚决杜绝违规指挥、违章作业行为。氧气站是该厂的危险源，工作人员严守岗位，对出入站人员严格检查，做好登记，防止意外事故发生。当氧气充装作业时，工作人员会及时封闭通往该站的路口，严格执行操作规程。对氧气站周边的杂草、落叶，工作人员随时清除，高度警惕，严防外界火源侵入。液压制阀车间对操作工提出“三好”“四会”和“五不走”的要求，即管好、用好、维修好；会使用、会保养、会检查、会排除故障；不清扫卫生不走、不做好交接手续不走、不关掉电源不走、不填好记录不走、不检查车床不走，这已经成为职工的习惯。职工进入工作岗位，从穿着服装到实际操作，无一例外地严守各项规章制度。违反规定造成生产安全事故者，都会受到相应的处罚。

第五章

机械制造与加工企业应急救援预案

第一节　机械制造与加工企业应急救援预案的编制

机械制造与加工企业是集机械冷加工、机械热加工、表面处理、热处理、锻铸造、木加工、橡胶塑料加工等综合加工能力及水、电、气、暖供应的动力运行为一体的，存在生产任务多、生产工艺复杂等特点，涉及喷漆、油封、铸造、热处理、电炉、油库、空气压缩站、锅炉房、压力容器、变配电站等十余类危险源。这些危险源蕴含着相当大的能量，一旦失控，所造成的危害和损失将是相当巨大的。因此，机械制造与加工企业需要有针对性地编制事故应急救援预案，包括综合预案、专项预案和现场处置预案，以应对各种突发事件。

一、机械制造与加工企业应急救援预案编制步骤

应急救援预案编制从搜集资料到预案的制定、实施、完善，从而形成一个完整有效的机械制造与加工企业应急救援预案，需要经历一个多步骤的工作过程，整个过程包括编制准备、预案编制、审定与实施、预案的演练、预案的修订与完善五大步骤：

1. 编制准备

(1) 成立编写组织机构。机械制造与加工企业事故应急救援预案的编制工作是一项涉及面广、专业性强的工作，是一项非常复杂的系统工程，需要安全、工程技术、组织管理、医疗急救等各方面的知识，其编制人员要由各方面的专业人才或专家组成。因此，需要成立一个由各专业人员组成的编写组织机构。

(2) 制订编制计划。一个完整机械制造与加工企业事故应急救援预案文件体系要由总预案、程序、作业指导书、行动记录四级文件体系构成。内容十分丰富，涉及面很广，既涉及本企业的应急能力和资源，也涉及主管上级、区域，以及相邻单位、部门的应急要求。因此，需要制订一个详细的工作计划，内容包括工作目标、控制进程、人员安排、时间安排等，并应突出工作重点。

(3) 搜集整理信息。就是要搜集和分析现有的影响事故预防、事故控制的一些信息资料，对所涉及的区域进行全面调查。

(4) 初始评估。就是对企业现有的救援系统进行评估，找出差距，为建立新的救援体系奠定基础。初始评估一般包括明确适用的法律法规要求，审查现有的救援活动和程序，对以往的重大事故进行调查分析等。

(5) 危险源辨识与风险评价。危险分析的目的是明确企业应急的对象，存在哪些可能的重大事故、性质及影响范围、后果严重程度等，为应急准备、应急响应和减灾措施提供决策和指导依据。危险分析包括危险辨识、脆弱性分析、风险评价。危险分析应按照国家法规要求，结合本企业的具体情况进行。

(6) 能力与资源评估。通过分析已有能力的不足，为应急资源的规划和配备、与相应签订互助协议和预案编制提供指导。

2. 预案编制

这是一项专业性和系统性很强的工作。预案质量的好坏直接关系到实施的效果，即事故控制和降低事故损失的程度。编写时应按照机械制造与加工企业事故应急救援预案的文件体系、应急响应程序、预案的内容，以及预案的级别（六级）和层次（综合、专项、现场）要求进行编写。

3. 审定与实施

完成预案编写以后，要进行科学评价和审核、审定。编制的预案是否合理，能否达到预期效果，救援过程中是否产生新的危害等都需要经过有关机构和专家进行评定。而且，通过审核、批准、实施，这也是国家有关规定的要求。

4. 预案的演练

为全面提高应急能力和对应急人员进行教育，应急训练和演习是一项必不可少的工作步骤。应急演练包括基础培训与训练、专业训练、战术训练及其他训练等。通过演练、评审，为预案的完善创造条件。

5. 预案的修订与完善

这是实现机械制造与加工企业事故应急救援预案持续改进的重要步骤。应急预案是机械制造与加工企业事故应急救援工作的指导文件，同时又具有法规的权威性，通过定期或在应急演习、应急救援后对之进行评审，针对实际情况的变化以及预案中暴露出的缺陷，不断地更新、完善和改进应急预案文件体系。

二、机械制造与加工企业应急救援预案的编制要求

机械制造与加工企业事故救援应在预防为主的前提下，贯彻统一指挥、分级负责、区域为主、企业自救与社会救援相结合的原则。

预案编制应分类、分级制定预案内容，下级预案的编制应以上级预案为基础。

机械制造与加工企业必须对潜在的重大事故建立应急救援预案，包括对作业场所进行潜在事故分析，对油库、油封间、喷漆间等重要部位进行危险性分析，对变配电场所设备设施等进行危险性评价，对锅炉、压力容器设备等进行危险性计算评价等。还需要对有毒有害气体、放射性物质和其他有害物质引起的急性危害事故，以及其他危害事故进行分析。

预案编制应体现科学性、实用性、权威性的要求。所谓科学性，就是在全面调查的基础上，实行领导与专家相结合的方式，开展科学分析和论证，制定出严密、统一、完整的企业事故应急救援方案；所谓实用性，就是企业事故应急救援方案应符合本企业的客观实际情况，具有实用性，便于操作，起到准确、迅速控制事故的作用；所谓权威性，就是预案应明确救援工作的管理体系，救援行动的组织指挥权限和各级救援组织的职责、任务等一系列的行政管理规定，保证救援工作的统一指挥。制定的预案经相应级别、相应管理部门批准后实施。

预案在编制和实施过程中不能损害相邻利益。如有必要可将本企业的预案情况通知相邻单位和地域，以便在发生重大事故时能取得相互支援。预案编制要充分依据危险源辨识、风险评价、安全现状评价、应急准备与响应能力评估等方面调查、分析的结果。同时，要对预案本身在实施过程中可能带来的风险进行评价。

机械制造与加工企业事故应急救援预案的编制是一项涉及面广、

专业性强的工作，是一项非常复杂的系统工程，需要安全、工程技术、组织管理、医疗急救等各方面的知识，其编制人员必须由各方面的专业人员或专家组成。预案要形成一个完整的文件体系，包括总预案、程序、说明书（指导书）、记录（应急行动的记录）四级文件体系。预案编制完成后要认真履行审核、批准、发布、实施、评审、修改等管理程序。

三、机械制造与加工企业应急救援预案编制的内容及格式

机械制造与加工企业应急救援预案是针对可能发生的重大事故所需的应急准备和响应行动而制定的指导性文件，其重要内容包括方针与原则、应急策划、应急准备、应急响应、现场恢复、预案管理与评审改进和附件这七大要素。其编制的主要内容和格式为：

1. 方针与原则

应急救援预案应有明确的方针和原则作为指导应急救援工作的纲领，体现保护人员安全优先、防止和控制事故蔓延优先、保护环境优先。同时，体现事故损失控制、预防为主、常备不懈、统一指挥、高效协调以及持续改进的思想。

2. 应急策划

应急策划是应急救援预案编制的基础，是应急准备、响应的前提条件，同时它又是一个完整预案文件体系的一项重要内容。在应急救援预案中，应明确企业的基本情况，以及危险分析与风险评价、资源分析、法律法规要求等结果。

（1）基本情况。主要包括企业的地址、经济性质、从业人数、隶属关系、主要产品、产量等内容，周边区域的单位、社区、重要基础设施、道路等情况。

（2）危险分析、危险目标及其危险特性和对周围的影响。危险分析结果应提供：地理、人文、地质、气象等信息；企业功能布局及交通情况；重大危险源分布情况；重大事故类别；特定时段、季节影响；可能影响应急救援的不利因素。对于危险目标可选择对重大危险装置、设施现状的安全评价报告，健康、安全、环境管理体系文件，职业安全健康管理体系文件，重大危险源辨识、评价结果等材料来确定事故类别、综合分析的危害程度。

（3）资源分析。根据确定的危险目标，明确其危险特性及对周边的影响以及应急救援所需资源；危险目标周围可利用的安全、消防、个体防护的设备、器材及其分布；上级救援机构或相邻可利用的资源。

（4）法律法规要求。法律法规是开展应急救援工作的重要前提保障。列出国家、省、市级应急各部门职责要求以及应急预案、应急准备、应急救援有关的法律法规文件，作为编制预案的依据。

3. 应急准备

在应急救援预案中应明确下列内容：

（1）应急救援组织机构设置、组成人员和职责划分。

（2）在应急救援预案中应明确预案的资源配备情况，包括应急救援保障、救援需要的技术资料、应急设备和物资等，并确保其有效使用。

（3）应急救援预案中应确定应急培训计划，演练计划，教育、训练、演练的实施与效果评估等内容。

（4）互助协议。当有关的应急力量与资源相对薄弱时，应事先寻求与外部救援力量建立正式互助关系，做好相应安排，签订互助协议，做出互救的规定。

4. 应急响应

应急响应包括以下内容：

(1) 报警、接警、通知、通讯联络方式。依据现有资源的评估结果，确定 24 h 有效的报警装置；24 h 有效的内部、外部通信联络手段；事故通报程序。

(2) 预案分级响应条件。依据企业的类别、危害程度的级别和从业人员的评估结果，可能发生的事故现场情况分析结果，设定预案分级响应的启动条件。

(3) 指挥与控制。建立分级响应、统一指挥、协调和决策的程序。

(4) 事故发生后应采取的应急救援措施。根据机械制造与加工安全技术要求，确定采取的紧急处理措施、应急方案；确认危险物料的使用或存放地点，以及应急处理措施、方案；重要记录资料和重要设备的保护；根据其他有关信息确定采取的现场应急处理措施。

(5) 警戒与治安。预案中应规定警戒区域划分、交通管制、维护现场治安秩序的程序。

(6) 人员紧急疏散、安置。依据对可能发生企业事故场所、设施及周围情况的分析结果，确定事故现场人员清点，撤离的方式、方法；非事故现场人员紧急疏散的方式、方法；抢救人员在撤离前、撤离后的报告；周边区域的单位、社区人员疏散的方式、方法。

(7) 危险区的隔离。依据可能发生的事故危害类别、危害程度级别，确定危险区的设定；事故现场隔离区的划定方式、方法；事故现场隔离方法；事故现场周边区域的道路隔离或交通疏导办法。

（8）检测、抢险、救援、消防、泄漏物控制及事故控制措施。依据有关国家标准和现有资源的评估结果，确定检测的方式、方法及检测人员防护、监护措施；抢险、救援方式、方法及人员的防护、监护措施；现场实时监测及异常情况下抢险人员的撤离条件、方法；应急救援队伍的调度；控制事故扩大的措施；事故可能扩大后的应急措施。

（9）受伤人员现场救护、救治与医院救治。依据事故分类、分级，附近疾病控制与医疗救治机构的设置和处理能力，制定具有可操作性的处置方案，内容包括：接触人群验伤分类方案及执行人员；依据检伤结果对患者进行分类现场紧急抢救方案；接触者医学观察方案；患者转运及转运中的救治方案；患者治疗方案；入院前和医院救治机构确定及处置方案；信息、药物、器材储备信息。

（10）公共关系。依据事故信息、影响、救援情况等信息发布要求，明确事故信息发布批准程序；媒体、公众信息发布程序；公众咨询、接待、安抚受害人员家属的规定。

（11）应急人员安全。预案中应明确应急人员安全防护措施、个体防护等级、现场安全监测的规定；应急人员进出现场的程序；应急人员紧急撤离的条件和程序。

5. 现场恢复

事故救援结束，应立即着手现场的恢复工作，有些需要立即实现恢复，有些是短期恢复或长期恢复。企业应急救援预案中应明确：现场保护与现场清理；事故现场的保护措施；明确事故现场处理工作的负责人和专业队伍；事故应急救援终止程序；确定事故应急救援工作结束的程序；通知本单位相关部门、周边社区及人员事故危险已解除的程序；恢复正常状态程序；现场清理和受影响区域连续监测程序；事故调查与后果评价程序。

6. 预案管理与评审改进

事故应急救援预案应定期应急演练或应急救援后对预案进行评审，以完善预案。预案中应明确预案制定、修改、更新、批准和发布的规定；应急演练、应急救援后以及定期对预案评审的规定；应急行动记录要求等内容。

7. 附件

事故应急救援预案的附件部分包括：组织机构名单；值班联系电话；事故应急救援有关人员联系电话；生产单位应急咨询服务电话；外部救援单位联系电话；政府有关部门联系电话；企业平面布置图；消防设施配置图；周边区域道路交通示意图和疏散路线、交通管制示意图；周边区域的单位、社区、重要基础设施分布图及有关联系方式，供水、供电单位的联系方式；组织保障制度等。

第二节　机械制造与加工企业应急救援预案参考

国家安全生产监督管理总局于 2006 年 9 月 20 日发布《生产经营单位安全生产事故应急预案编制导则》（AQ/T 9002—2006），并于 2006 年 11 月 1 日起实施。该导则引言中明确，生产经营单位安全生产事故应急预案是国家安全生产应急预案体系的重要组成部分。制定生产经营单位安全生产事故应急预案是贯彻落实“安全第一，预防为主，综合治理”方针，规范生产经营单位应急管理工作，提高应对风险和防范事故的能力，保证职工安全健康和公众生命安全，最大限度地减少财产损失、环境损害和社会影响的重要措施。应急管理是一项系统工程，生产经营单位的组织结构、管理模式、风险大小以及生产规模不同，应急预案体系构成不完全一样。生产经营单位应结合本单位的实际情况，从公司、企业（单位）到车间、岗位分别制定相应的应急预案，形成体系，互相衔接，并按照统一领导、分级负责、条块结合、属地为主的原则，同地方人民政府和相关部门应急预案相衔接。

在此介绍车辆制造企业安全生产事故综合应急预案、机械加工企业火灾爆炸事故专项应急预案，供机械制造与加工企业参考借鉴。

一、车辆制造企业安全生产事故综合应急预案

1　总则

1.1　编制目的

提高企业事故预防、预备、响应、恢复和综合减灾能力，建立统一领导、分级负责、反应快捷的应急工作机制，及时有效地开展应急救援工作，最大程度地减少人员伤亡和财产损失。

1.2　编制依据

依据《中华人民共和国安全生产法》《中华人民共和国消防法》《特种设备安全监察条例》和《生产安全事故报告和调查处理条例》等法律法规及有关规定，制定本预案。

1.3　适用范围

本企业内部与下属各二级单位在生产经营过程中的各类安全生产事故及其救援工作适用本预案。

1.4　应急预案体系

企业应急预案体系由企业安全生产事故综合应急预案（综合预

案)、企业专项应急预案（专项预案）和现场处置方案（现场预案）组成。

(1) 企业安全生产事故综合应急预案。从总体上阐述处置安全生产事故的应急方针、政策、应急组织结构及相关应急职责、应急行动、措施和保障等基本要求和程序，是应对各种安全生产事故的综合性文件。

(2) 企业专项应急预案。针对企业系统内可能发生的安全生产事故类别而编制的专项应急预案，是总体应急预案的组成部分。

(3) 现场处置方案。主要针对可能发生事故的设备、场所而制定的事故应急处置程序和方案措施。

企业综合应急预案、专项应急预案、现场处置方案（现场预案），应根据情况变化不断完善、更新。

1.5 应急工作原则

安全第一，以人为本；统一领导，分级负责；依靠科学，依法规范；预防为主，平战结合。

2 企业危险性分析

2.1 企业概况（略）

2.2 危险源与风险分析

通过对企业各生产场所进行危险分析与识别，初步分析企业可能发生的事故类型包括火灾、爆炸、危险化学品泄漏、中毒等。

明确了企业及各二级单位（部门）的重大危险源和可能发生的安全生产事故。各二级单位（部门）应全面负责本单位（部门）内的重大危险源的辨识、评价、监测、登记、建档等管理工作，并报企业应急管理办公室备案。如某集团公司所列的重大危险源明细及可能发生的事故类型（见表5—1）。

表5—1　某集团公司重大危险源及可能发生的事故类型

类别	序号	名称	可能事故类型	主要污染物
重大危险源	1	动能公司电站锅炉	火灾、爆炸、天然气泄漏	
	2	动能公司热水锅炉	火灾、爆炸、天然气泄漏	
	3	动能公司高温水车间	烫伤、管道爆裂	
	4	实业公司油品公司灌装车间（新址）	火灾、爆炸、中毒、泄漏	
	5	陆捷公司奔驰路加油站	火灾、爆炸、烧伤、泄漏	
	6	陆捷公司飞跃路加油站	火灾、爆炸、烧伤、泄漏	
	7	一铸厂冲天炉	烫伤	
	8	二铸厂冲天炉	烫伤	
	9	四环股份专用车分公司涂装线	火灾、中毒	
	10	丰越公司涂装线	火灾、中毒	
	11	解放公司卡车厂车架涂装线	火灾、中毒	
	12	实业公司油品公司灌装车间（旧址）	火灾、爆炸、中毒、泄漏	
	13	动能公司电站电缆沟	火灾、爆炸、窒息、烧伤	
	14	四环股份车轮滚型、型钢喷漆室*	火灾、中毒	
	15	轿车公司长齿厂丙烷间*	火灾、爆炸、中毒、泄漏	

续表

类别	序号	名称	可能事故类型	主要污染物
可导致环境污染的重大危险源	1	动能公司天然气储罐	火灾、爆炸、天然气泄漏	天然气
	2	实业公司液化气站	火灾、爆炸、天然气泄漏	液化石油气
	3	解放公司卡车厂驾驶室涂装车间	火灾、中毒	苯系物
	4	大众公司一轿厂涂装车间	火灾、中毒	苯系物
	5	大众公司二轿厂涂装车间	火灾、中毒	苯系物
	6	嘉信公司氨气间	氨气泄漏、中毒	氨气
	7	大众公司发传厂热处理车间液氨储罐	氨气泄漏、中毒	氨气
	8	长春实业长海商贸有限公司冷库	氨气泄漏、中毒	氨气
	9	富奥东睦粉末冶金液氨储罐	氨气泄漏、中毒	氨气
	10	轿车公司涂装车间	火灾、中毒	苯系物

*　标志危险源在主厂区以外，所以在集团公司重大危险源平面分布图中没有标出。

3　组织机构与职责

3.1　应急组织体系

企业应急组织由应急救援指挥中心、应急管理办公室、职能部门和支持保障部门、专家组等组成。

3.2　指挥结构及职责

3.2.1　应急救援指挥中心

企业应急救援指挥中心是由企业安委会为主的企业主管领导及各

相关部门主管领导组成，是企业应对安全生产事故的最高应急指挥机构。

同时根据安全生产事故的类别，成立各专项预案应急救援指挥中心，各专项预案应急救援指挥中心是应急救援指挥中心的组成部分，全面负责该项安全生产事故的应急指挥工作。

企业应急救援指挥中心负责事故指挥救援工作，安排应急救援行动，重大行动决策指令发布。具体成员如下：

总指挥：总经理。

副总指挥：副总经理。

成员：各二级单位（部门）负责人。

3.2.2　应急管理办公室

应急指挥救援中心下设应急管理办公室，应急管理办公室设在企业办公室，由企业办公室和生产协调部组成，安排 24 h 接警。应急管理办公室是企业应急工作的管理机构，是应急救援指挥中心的办事机构。

应急管理办公室（应急指挥中心办公室）主任全面负责办公室工作；各副主任根据分工，分管相关区域或部门的应急管理工作。具体成员如下：

主任：办公室主任。

副主任：各二级单位（部门）负责人。

3.2.3　职能部门和支持保障部门

职能部门和支持保障部门包括企业所属的各个职能部门和生产单位，为应急救援工作提供必要的支持和保障，如生产协调部、保卫部等。

（1）生产协调部。负责企业范围内的安全生产事故应急救援的协调指挥，负责组织各相关单位进行生产安全事故的调查、分析、处理及整改工作。

（2）保卫部。负责组织现场火灾、爆炸、有毒化学品事故救护及人员疏散、现场警戒等相关工作，参与事故的调查、分析、处理、整改工作。

3.2.4　专家组

根据应急工作需要，应急救援指挥中心应聘请有关专家，建立企业安全生产事故应急处置专家库。专家组成员在专家库中挑选，必要时可另聘其他专家。专家组的主要职责如下：

（1）对事态进行分析和评估，提出应急处置方案建议，并提供技术支持。

（2）指导现场应急处置工作。

3.2.5　现场应急指挥部

现场应急指挥部是应急指挥中心的派出机构，设正、副总指挥和各专业小组，其成员主要由事故发生单位人员组成。必要时，应急指挥中心另行指派现场总指挥。当现场总指挥不能履行指挥职能时，由现场最高领导接替或由应急指挥中心立即指派。

现场应急指挥部下设各工作小组，人员主要由事故发生单位应急机构及救援队伍的人员组成，除此之外，还应由总体应急预案中规定的各职能部门和支持保障部门、社会专业应急队伍和支持保障力量、专家组的相关人员组成。

社会专业救援队伍和支持保障力量包括武警部队、消防部门、公安部门和急救中心等。

(1) 消防部门。立即携带救援资源，根据现场具体情况，对火灾、爆炸、有毒化学品中毒事故进行控制及人员救护，组织事故的调查、分析。

(2) 公安部门。立即携带警用资源，根据现场具体情况，警戒、封锁现场，疏散人群、居民，组织事故的调查、分析、处理。

(3) 急救中心。组织医务人员，携带救援资源，抢救伤者。

4　预防与预警

4.1　危险源监控

对重大危险源登记建档，进行定期检测、评估、监控，并制定应急预案，告知从业人员和相关人员在紧急状况下应当采取的紧急措施。严格按照国家有关规定将本单位重大危险源及有关安全措施、应急措施报地方人民政府负责安全生产监督管理的部门和有关部门备案。

危险物品的生产、经营、储存单位应当建立应急救援组织。企业下属各单位要按照企业的有关要求建立健全危险源网络管理体系，认真做好本单位的危险源辨识、评价与监控工作。特别要加强对易发生事故的重、特大事故隐患和重大危险源的监控，及时分析有关监控信息，跟踪整改情况，对可能引发重大、特大事故的风险信息要及时上报企业应急管理办公室。

企业下属各单位要建立并及时更新本单位的重大事故隐患和危险源管理台账，并上报企业应急管理办公室。对危险源发生变化，特别是不利于安全生产的情况，各级组织和人员要及时上报，并积极采取相应措施，防止事态进一步恶化。

企业应急管理办公室负责各单位上报的安全生产事故信息的接

受，并进行初步处理、统计分析，必要时上报企业应急救援指挥中心。

4.2　预警行动

企业各级安全生产主管部门及相关部门接到可能导致安全生产事故的信息后，应按照相关的专项应急预案及时研究确定解决方案，同时本单位相关部门进入预警状态，采取相应行动，预防事故发生。

4.3　信息报告与处置

安全生产事故发生后，事故现场有关人员及时、主动地报告该单位（部门）的应急指挥机构。该机构启动本单位（部门）应急预案的同时，应上报企业应急管理办公室。应急管理办公室值班人员应通知应急管理办公室主任、副主任；特别重大安全生产事故，可直接向应急救援指挥中心总指挥、副总指挥及相关单位（部门）负责人报告，并按规定报告事发地政府应急管理机构。不得迟报、谎报、瞒报和漏报。应急处置过程中，要及时续报有关情况。

5　应急响应

5.1　响应分级

根据车辆制造行业安全生产的特点，将企业及所属单位可能发生的安全生产事故应急响应按照可控性、严重程度和影响范围，结合企业的实际情况分为四级响应。

（1）造成3人以上（含3人）死亡（含失踪），或危及3人以上（含3人）生命安全，或者10人以上中毒（或重伤），或者直接经济损失1 000万元以上的生产事故启动Ⅰ级响应。

Ⅰ级响应时，由企业应急救援指挥中心成员亲自组织救援，各单位全力做好救援工作。超出企业处置能力时，由企业及时请求上级机构协调。

(2) 可能导致 2 人死亡或 5 人以上中毒，或者直接经济损失 500 万元以上的事故启动Ⅱ级响应。

Ⅱ级响应时，由生产协调部部门领导指挥救援，必要时启动Ⅰ级响应。

(3) 可能导致 1 人死亡或 2 人中毒，或者直接经济损失 100 万元以上的事故启动Ⅲ级响应。

Ⅲ级以下应急响应由企业所属单位根据实际情况决定启动标准，超出所属单位应急救援处置能力时，及时上报企业应急救援指挥中心，应急救援指挥中心根据情况启动Ⅰ级响应或Ⅱ级响应。

(4) 发生或可能发生一般事故时启动Ⅳ级响应。

5.2 响应程序

5.2.1 报告与先期处理

(1) 发生事故或险情的单位，必须立即向本单位相应的应急指挥部门报告，提供事故或险情信息，并在力所能及的范围内采取适当的应急行动。

(2) 发生事故的单位应立即报告企业应急救援指挥中心，由企业应急救援指挥中心向国家有关主管部门报告。

(3) 先期处理。事故或险情情况出现后，事故发生单位必须按照“员工和应急救援人员的安全优先、防止事故扩大措施优先”的原则，迅速启动本单位安全生产事故应急预案，集中抢险力量和未受伤的岗位员工，实施先期抢险与救援。主要是抢救受伤人员和在危险区的人员；堵漏、闭阀、停止设备运转、灭火、隔离危险区等；清点撤出现场人员的数量，必要时组织本单位人员撤离危害区；组织力量消除道路堵塞，为企业应急救援创造条件。

5.2.2　指挥和控制

各单位安全生产事故应急指挥部门在接到本单位的事故或险情报告后，应立即启动本单位安全生产事故应急预案。

（1）记录与通信：记录事故发生的基本情况；通知本单位应急指挥部门的有关人员在规定时限内到达集中地点，成立现场指挥部；根据情况的危及程度，或按预案规定通知各应急救援组织做好行动准备。

（2）赶赴现场：接到事故报告后，发生事故单位的应急指挥部门必须迅速到达现场，组织先期处理。

（3）指挥行动：根据事故情况，指示安全技术、职业卫生检测人员进行危害估算；会同专家咨询组判断事故危害后果及可能的发展趋势、应急等级与规模、需要调动的力量及部署，研究应急行动方案；设立现场指挥机构，根据总指挥的指令调动各应急救援组投入行动；必要时向当地政府报告应急处理方案，提出要求支援的具体事宜。

（4）后勤保障：通知各后勤保障部门按通知做好车辆、物资、通信、器材等后援准备。

5.2.3　救护行动

（1）医疗抢救。出现人员伤亡时，单位应启动值班车辆或拨打“120”电话将伤员送达邻近的医院。医院要开通人员抢救“绿色通道”，迅速组织医务人员救治伤员。

（2）搜寻与营救。在事故现场有员工失踪或受困于建筑物和单元中时，在对事故区域采取可靠的切断动力源、单元隔离或灭火等安全措施后，由应急指挥部通知消防人员进行搜救。

（3）通知人员。出现严重的紧急情况时，单位应急处理组织应在

5 min 内以广播、网络和电话等方式通知厂内人员应采取防护措施；通知范围应包括单位内的所有参观者、承包商和员工。

当发生影响单位外人员的危险化学品泄漏或其他影响单位外人员的紧急事故时，由企业应急救援指挥中心通知事故发生区的邻近单位，并报告当地政府。

5.2.4　火灾扑救

发生火灾事故时，通过拨打“119”火警电话报告消防部门进行火灾扑救。

5.2.5　危险化学品泄漏处理

应根据正在泄漏危险化学品的种类、泄漏源位置、蒸气云是否存在及位置、蒸气云是否可燃有毒、泄漏是否可以控制、是否存在火源及火源位置等实际情况，由应急救援指挥中心迅速组织有能力处理和消除事故危害的组织和单位进行处置。

5.2.6　警戒与管制

根据事态的大小，由应急救援指挥中心提出现场警戒与交通管制的地点、时间、范围、时限等申请，报请当地政府批准后实施。

5.2.7　扩大应急

企业及各单位应急指挥机构应及时掌握事故应急处置情况，当安全生产事故的严重程度以及发展趋势超出其应急救援能力时，应及时报请上一级应急指挥机构启动应急预案。

5.3　应急结束

当遇险人员全部得救，事态得以控制，环境符合有关标准，次生、衍生事故消除后，经现场应急指挥部确认，并报应急救援指挥中心批准，现场应急处置工作结束，应急救援队伍撤离现场，由现场应急指挥部发布终止本预案命令，应急救援工作结束。

应急结束后，应急救援指挥中心应指定责任部门完成如下事项。

（1）事故发生单位（部门）按有关规定向上级主管部门报告事故发生、发展、应急救援等情况。

（2）事故发生单位（部门）做好事故现场保护和原始资料收集工作，向事故调查小组移交相关资料；得到事故调查组同意后，方可开始现场恢复重建工作。

（3）现场应急指挥部组织编写应急救援工作总结报告，上报应急救援指挥中心。应急救援工作总结报告应作为应急预案评审维护的重要资料。

6　信息发布

企业应急管理办公室负责企业应急响应行动的媒体采访接待工作，确定接受的采访单位和新闻发布内容。也可授权或指定企业其他职能部门或所属二级单位负责采访接待工作。

7　后期处置

7.1　善后处置

事故发生单位（部门）做好灾后重建、污染物清理与处理等工作，尽快消除事故影响，减少事故损失，尽快恢复秩序。

成立善后工作小组，协调事故的善后处置工作，包括人员安置与补偿、现场清理与污染物处理、事故后果影响消除、生产秩序恢复、抢险过程和应急救援能力评估等事项，对于应急救援期间征用物资和救援费用予以补偿和支付。

7.2　保险

安全生产事故发生后，事故发生单位（部门）按有关规定及时报告企业财务部和保险公司等，启动保险理赔程序。

7.3　调查和总结

现场指挥部适时成立事故原因调查小组，组织专家调查和分析事故发生的原因和发展趋势，预测事故后果，报应急管理办公室。处置结束后，现场指挥部按照事故等级将总结报告应急管理办公室，由其备案。据此总结经验教训，提出改进工作的要求和建议。

8　保障措施

8.1　通信保障

各二级单位应建立通信联系网络，保证与企业应急救援指挥中心、现场指挥部的通信通畅。通信联系方式如发生变化，应及时通知企业应急管理办公室（有关通信联系方式以附表形式列出）。

8.2　应急队伍保障

企业各单位根据本单位实际情况组织应急保障队伍，建立应急物资储备和医疗咨询联系网络和医疗救援队伍（有关应急队伍以附表形式列出）。

8.3　应急物资装备保障

各专业应急救援队伍和单位（部门）根据实际情况和需要配备必要的应急救援装备。应急救援指挥中心应掌握应急救援物资装备情况。各二级单位（部门）和各专业小组，应根据应急救援指挥中心的调度，快速提供现场应急救援所需资源，确保应急救援工作的顺利实施。应急救援工作结束后，应及时补充应急救援物资（有关应急物资装备以附表形式列出）。

8.4　经费保障

企业将应急经费列入预算。下属各二级单位（部门）应当做好应急救援必要的资金准备。安全生产事故应急救援资金首先由事故责任单位（部门）承担，事故责任单位（部门）暂时无力承担的，应急管理办公室协调解决。

8.5　其他保障

8.5.1　交通运输保障

各二级单位（部门）根据本单位（部门）应急救援工作需要配备交通运输工具，为应急救援工作提供交通运输支持。

8.5.2　治安保障

各二级单位（部门）应根据本单位（部门）的需要配备适当规模的治安保卫力量，必要时可以协调武警部队和地方公安部门以及治安保卫力量，对事故现场实行警戒和紧急疏散。

8.5.3　医疗保障

企业相关协议医疗机构按照应急救援工作的需要配备相关医疗急救的人员、器材和药品。安全生产事故发生时，为应急救援工作提供医疗卫生支持。

8.5.4　后勤保障

企业及所属各二级单位（部门）应会同当地政府有关部门做好后勤保障工作。

9　培训与演练

9.1　培训

通过定期培训和教育计划的实施，使应急处理人员熟悉应急处理预案内容和方式，并使应急处理组织各级人员保持高度准备状态。

9.2　演练

应急救援指挥中心和二级单位（部门）按照应急预案定期进行模

拟演练和实战演习。通过演练对应急预案进行评估和完善。一般每年组织一次应急预案的训练和演习，以测试应急预案的有效性，并检测应急报警设备，确保应急组织人员熟知其职责和任务。

10　奖惩

10.1　奖励

在事故应急救援工作中有下列表现之一的单位和个人，应根据有关规定给予奖励：出色完成应急处置任务，成绩显著的；在安全生产事故应急处置过程中有功，使国家和人民群众的财产免受损失或者减少损失的；对应急救援工作提出重大建议，实施效果显著的；有其他特殊贡献的。

10.2　责任追究

在安全生产事故应急工作中，有下列行为之一的，按有关法律和规定，对有关责任人员视情节和危害后果，由其所在单位和上级单位给予经济和行政处罚，构成犯罪的移交司法机关依法追究刑事责任。

（1）不认真履行安全法律法规，而引发安全事故的。

（2）不按规定制定安全生产事故应急预案，拒绝承担安全生产事故应急准备义务的。

（3）隐瞒不报或不按规定报告安全生产事故真实情况的。

（4）拒不执行应急预案，不服从命令和指挥或者以任何借口回避安全生产事故的。

（5）不按规定保证应急救援资金、装备和物资的。

（6）有其他对安全生产事故应急工作造成危害行为的。

11　附则

11.1　术语和定义（略）

11.2　应急预案备案

企业应急预案报上级应急救援指挥中心和地方有关部门安全监管机构备案；各二级单位（部门）综合应急预案和专项应急预案报应急管理办公室备案。

二级单位（部门）编制的应急预案，由本单位第一负责人审定、签发；基层（合同）单位根据本单位应急预案体系，编制各类现场处置方案，由基层（合同）单位第一负责人审核，二级单位（部门）负责人审定、签发。

11.3　应急预案维护和更新

本预案由应急管理办公室编制，并由其负责完善和更新。

出现以下不符合项，应及时对本预案进行相应的调整。

(1) 新法律、法规、标准的颁布实施。

(2) 相关法律、法规、标准的修订。

(3) 预案演练或事故应急处置中发现不符合项。

11.4　应急预案制定与解释

本预案由企业应急管理办公室负责制定和解释，联系人（略），电话（略）。

11.5　应急预案实施

本预案自发布之日起实施。

12　附件

12.1　专项应急预案

专项应急预案一：车辆制造企业火灾爆炸事故专项应急预案（略）

专项应急预案二：车辆制造企业危险化学品事故专项应急预案

（略）

专项应急预案三：车辆制造企业特种设备事故专项应急预案（略）

专项应急预案四：车辆制造企业环境污染专项应急预案（略）

12.2　附表（略）

12.3　附图（略）

二、机械制造与加工企业火灾爆炸事故专项应急预案

1　事故类型和危害程度分析

1.1　事故类型

本专项预案的火灾爆炸事故系指机械制造与加工企业要害部位、关键装置、锅炉压力容器输送管道、危险化学品的运输设备、在工作场所内易燃易爆化工产品（含火工器材）发生的火灾爆炸事故。

1.2　应急启动条件

发生重大火灾爆炸事故，并符合下列条件之一时，应启动本预案。

（1）国家和地方人民政府已经启动应急预案或要求企业启动应急预案时。

（2）发生Ⅰ级（见 6.1 响应分级）以上火灾爆炸事故时。

（3）下属企业请求时。

2　应急处置基本原则

（1）以人为本原则。抢险工作应坚持“先救人，后救物”的原则，优先组织人员疏散、伤员抢救。通过采取各种措施，建立健全应对安全生产事故的有效机制，最大限度地减少因生产安全事故造成的人员伤亡。

（2）预防为主原则。有效预防生产安全事故的发生是应急工作的重要任务。通过建立综合信息支持体系，准确预测预警，采取有效的防范措施，尽一切可能防止生产安全事故的发生。对无法防止或已经发生的生产安全事故，尽可能避免其造成恶劣影响和灾难性后果。

（3）快速反应原则。健全企业生产安全事故信息报告反应体系，建立企业统一管理、装备精良、技术熟练、反应迅速的专业救援队伍，切实做到早发现、早报告、早控制。

（4）先期处置原则。发生生产安全事故后，企业应启动有效的应急处置预案，迅速采取有效措施，尽力控制事态发展，减少人员伤亡和财产损失。

（5）统一指挥原则。依法规范各级预案，确立统一领导、逐级负责、责任到人、决策科学、反应及时的处置方式。各相关单位应按照各自的职责，密切协作，相互配合，保证处置工作指挥调度的统一协调，共同做好应急处置工作。

3　组织机构及职责

3.1　应急组织体系

机械加工企业发生火灾爆炸事故时，应急救援组织体系由指挥管理系统、救援队伍系统、技术支持系统和相关保障系统组成。

3.2　指挥机构及职责

火灾爆炸事故处理指挥机构由企业应急救援指挥部、应急救援指挥办公室和现场救援指挥部组成。其中，现场救援指挥部在企业救援指挥部的领导下，负责火灾爆炸事故的现场救援工作，根据事故现场救援的需要，设立若干工作组。

（1）综合协调组。负责综合协调各专业组应急救援工作，负责应急救援信息的传递，督促各专业组完成事故现场救援指挥部下达的应急救援工作，负责应急救援情况的汇总和应急救援工作的对外联系，现场救援指挥部交办的其他工作由现场指挥部抽调专门人员组成。

（2）施救处置组。负责事故现场的救生、控险、排险等工作。由公安、安全监管人员、技术专家、企业抢险队伍等组成。

（3）医疗救护组。负责抢救伤员，确保伤员能得到及时、有效地救治。

（4）疏散警戒组。负责事故现场的警戒和治安管理，维持现场秩序。

（5）物资保障组。负责应急救援器材和物资的供应，并组织车辆运输。

（6）环境监测组。负责环境质量监测和气象资料的提供以及环境污染的控制、处置工作。

（7）专家组。提供施救方案和突发情况的处置对策、措施，界定危险区域，指导应急救援技术工作，提供应急救援技术咨询。

（8）后勤保障组。负责应急救援的通信、交通、食宿以及事故的善后处置等后勤保障工作。

（9）消防灭火组。按灭火方案要求，执行掩护、冷却和灭火任务；根据火势大小请求公司消防支队、其他消防队及地方消防队援助。

4 预防与预案

4.1 危险源监控

企业有关部门应当加强对重大危险源的监控，对可能引发特别重大火灾爆炸事故的险情，或者其他可能引发安全生产火灾爆炸事故的重要信息应及时分析，对火灾爆炸事故进行预测，针对突发火灾爆炸事故开展风险评估，做到早发现、早报告、早处置。还要对危险源进行定期检查和巡回检查，随时掌握动态变化情况，一旦出现危及安全生产的问题，立即采取措施进行处理。

企业下属各单位要将可能引发火灾爆炸事故风险信息及时上报企业，为企业研究制定救援方案提供参考。

4.2 预警行动

企业应急指挥中心根据预测结果，应进行以下预警：

（1）符合本预案启动条件时，立即发出启动本预案的指令。

（2）指令相关单位启动本单位应急预案，并通知企业职能部门进入预警状态。

（3）指令相关单位采取防范措施，并连续跟踪事态发展。

5 信息报告程序

火灾事故发生后，应根据事故等级向企业应急指挥中心报告事故情况，并应对事故情况立即进行报告。该报告内容包括：

（1）事故发生单位概况。

（2）事故发生的时间、地点以及事故现场情况。

（3）事故的简要经过。

（4）事故已经造成或者可能造成的伤亡人数（包括下落不明的人数）和初步估计的直接经济损失。

（5）已经采取的措施。

（6）其他应当报告的情况。

6 应急处置

6.1 响应分级

按照火灾事故的性质、严重程度、可控性、影响范围等因素，火灾应急响应分为Ⅰ（企业）级响应、Ⅱ（下属企业）级响应。

6.1.1 Ⅰ（企业）级响应

（1）一次造成大于（或等于）3 人及以上死亡，或大于（或等于）10 人及以上受伤，或大于 500 万元直接经济损失。

（2）对社会安全、环境造成重大影响，需要紧急疏散转移安置 5 000～10 000 人。

（3）火势长时间（6～24 h）未能有效控制，可能造成周边生产设施大面积停产。

6.1.2 Ⅱ（下属企业）级响应

（1）一次造成 1～2 人死亡，或 2～9 人受伤，或小于 500 万元直接经济损失。

（2）对社会安全、环境造成重大影响，需要紧急疏散转移安置 50～5 000 人。

（3）火势较长时间（6 h）未能有效控制，并可能造成周边生产装置、设施局部停产。

（4）企业经危害分析、风险评估确认的Ⅱ级事件。

企业总部下属各单位应按照火灾事故的性质、严重程度、可控性、影响范围等因素，并依据机构设置情况，制定本单位火灾事故应急预案，并详细分级火灾事故应急响应，制定每一级的应急预案。

6.2 处置措施

事故发生后，由现场应急指挥部根据事故灾难情况开展应急救援工作的指挥与协调，通知有关单位（部门）及其应急指挥机构、救援队伍、事发单位和毗邻单位的应急指挥机构，提供增援或保障。

6.2.1 召集、调动救援力量

各成员单位接到现场应急指挥部指令后，立即响应，派遣事故抢险人员、物资设备等迅速在指定位置聚集，并听从现场总指挥的安排。事故发生地的应急救援力量由现场总指挥直接召集调用。

现场总指挥应按本预案确立的基本原则、专家建议迅速组织应急救援力量进行应急救援，并且要与参加应急救援行动的各单位（部门）保持通信通畅。

当现有应急救援力量和资源不能满足救援行动要求时，及时向应急指挥中心报告，请求调动其他应急救援力量或资源。

6.2.2　现场处置

事故发生单位必须保护现场，严密封锁周边危险区域，按本预案营救、急救伤员和保护财产。如若发生特殊险情时，应急指挥中心在充分考虑专家和有关方面意见的基础上，依法及时采取紧急处置措施。

6.2.3　医疗卫生救助

各二级单位根据应急预案和部门职责，依托当地政府建立医疗卫生应急专业技术队伍和保障系统，根据需要及时赴现场开展医疗救治、疾病预防控制等卫生应急工作。

6.2.4　应急人员的安全防护

现场应急救援人员应根据需要携带相应的专业防护装备，采取安全防护措施，严格执行应急救援人员进入和离开事故现场的相关规定。

现场应急指挥部根据需要具体协调、调集相应的安全防护装备。

7　应急保障

建立科学规划、统一建设、平时分开管理、用时统一调度的应急物资储备保障体系。企业总部各二级单位负责做好本单位的应急物资储备的综合管理工作。

第六章

机械制造与加工企业典型事故案例分析

第一节　机械伤害典型事故案例

一、袖口未系好排除故障造成伤臂事故

2000 年 5 月 19 日，河北省某市机械厂一名工人在处理切割机故障时，由于袖口未按规定系好，被卡在齿轮中，不慎造成右臂伤残。

1. 事故经过

2000 年 5 月 19 日上午 9 点多钟，某机械厂切割机操作工王某，在巡视纵向切割机时发现刀锯与板坯摩擦，有冒烟和燃烧现象，如不及时处理有可能引起火灾。于是王某当即停掉风机和切割机，去排除故障。为了不影响生产，没有关闭皮带机电源，皮带机仍然处于运转中。王某在排除故障时因袖口未按规定系好扣子，当伸手去掏燃着的纤维板屑时，袖口连同右臂被皮带机齿轮突然绞住，他使出全力想要拽出手臂，但没能成功。邻近岗位工作的工友听到王某的呼救声，急忙跑到开关前关闭了皮带机电源。但是，已造成右臂伤残。

2. 事故原因分析

造成这起事故有两个相互关联的直接原因：其一是没有按规定系好工作服袖口，排除故障时被齿轮卡住；其二是没有按操作规定先关闭皮带机电源，然后再去排除故障。造成事故的间接原因，则是车间、班组安全管理和安全教育存在问题，安全教育不够，安全管理不严。

3. 事故教训与防范措施

这起事故的发生，与操作者存在着侥幸麻痹心理有直接的关系。人们产生侥幸麻痹心理的原因主要有两种：一是错误的经验，例如某种违章作业从未发生过事故，或多年未发生过，心理上的危险感觉便会减弱，从而导致错误地认为违章也未必会出事故。二是认识上的错误，事故的发生通常具有一定的偶然性，即事故不是经常发生的，发生了不一定就会造成伤害，即便伤害也不一定很重。因此，在这种侥幸麻痹心理支配下，操作中容易容忍不安全行为的存在，并且久而久之不安全行为就养成习惯，成为习惯性违章，长期的习惯性违章行为必然会导致事故的发生。在这起事故中，操作者不关闭皮带机就去排除故障，以前有可能就是如此操作的，也未造成事故，从而麻痹大意，逐渐形成习惯性违章。因此，在安全管理上必须严格，对违章行为要坚决予以纠正，尤其需要纠正习惯性违章行为。

二、操作台钻严重违章造成的断指事故

2000 年 3 月 11 日，某市装配厂一名老工人，在操作台钻加工工件的过程中，严重违章戴手套操作，结果被铁屑缠绕，造成右手环指两节断离的事故。

1. 事故经过

2000 年 3 月 11 日 18 时，某市装配厂机动科机修站划线钳工吕

某，在操作台钻加工工件的过程中，在未停机的情况下，戴手套清扫工件铁屑，被旋转钻头上所带的铁屑挂住右手环指，将右手环指缠绕在钻头上，造成右手环指两节断离事故。

2. 事故原因分析

造成这起事故的直接原因，是钳工吕某严重违反操作规程，在未停机的状况下戴手套清扫工件铁屑。造成事故的间接原因：一是机修站安全管理不严，对安全操作规程和岗位安全教育落实不够；二是对习惯性违章行为纠正不力，处罚不严。

3. 事故教训与防范措施

按照规定，为了确保钻削加工的安全，操作者在操作钻床（包括台钻）时应遵守安全规程，包括：工作中严禁戴手套；钻头上缠有长铁屑时，要停机后清理，用刷子或铁钩清除，严禁用手拉。这起事故的发生，主要是操作者严重违反这两项规定的结果。实际上这些规定也是安全生产常识，钳工吕某作为一名老工人应该知道这些规定，了解这些知识，之所以违章操作，一是麻痹大意，二是习惯性违章。所以，提高职工的安全意识，纠正习惯性违章，是安全管理工作的一个重要任务。

应采取的防范措施：

（1）认真吸取事故教训，按照“四不放过”的原则，举一反三，教育全体职工，并结合安全操作规程学习活动，强化安全操作规程的落实，杜绝严重违章事故的再次发生。

（2）加强作业现场的监督检查，对查出的违章作业，尤其是习惯性违章现象，必须严肃处理，决不能姑息迁就。

第二节　起重伤害典型事故案例

一、海达造船有限公司起重机械倒塌重大事故

2001 年 4 月 28 日，山东荣成市海达造船有限公司在安装一台 80 t 龙门起重机的过程中，发生倾倒事故，造成 4 人从高空坠落死亡。

1. 事故经过

2001 年 4 月 28 日，山东荣成市海达造船有限公司在厂区内安装一台 80 t 龙门起重机。在施工过程中，当支腿升至与地面成 55°角时，门座起重机主吊钩与支腿连接的钢丝绳积压在一起，且门座起重机附吊钩也吊到了支腿上沿，导致吊钩无法按预期自动脱钩。在没有成功摘开的情况下，一电焊工擅自将主吊钩钢丝绳割断，又用铁棍将附吊钩撬开，支腿迅速向西倒下，有 4 人从高空坠落到地面，当场死亡。

2. 事故原因分析

造成这次事故的主要原因是：海达造船厂有限公司自行安装起重设备，安装前施工方案考虑不周，导致施工过程中吊钩未按设计方案脱钩；安装过程中出现吊钩未按设计方案自行脱钩时，处理方法不当。

3. 事故教训与防范措施

（1）安装方案制定时要考虑周密，必要时应进行演练后正式实施。

（2）有关作业人员应加强专业培训。

（3）施工现场应保证人员处于安全位置。

二、鸿运汽车修理厂吊车钢丝绳断裂事故

2001 年 5 月 14 日，湖北省恩施州宣恩县鸿运汽车修理厂发生吊车钢丝绳断裂事故，造成 1 人重伤，2 人轻伤。

1. 事故经过

2001 年 5 月 14 日，湖北省恩施州宣恩县鸿运汽车修理厂职工周某驾驶本厂吊车，到莲花坝大桥纸厂沟路段工程处，给沙石厂吊卸碎石机（重 1.9 t）时，由于起重作业前未进行细致的安全检查，起吊过程中发生吊车钢丝绳断裂事故，造成沙石厂民工 1 人重伤，2 人轻伤。

2. 事故原因分析

（1）该个体汽车修理厂为扩大业务，从恩施州运输公司大修厂购买了一台无牌、无证、车况很差的绞盘式吊车，无安全装置的设备。

（2）吊车司机无证操作，未经培训，缺乏安全操作技术知识，对吊车未按安全规定进行保养维修。在无安全操作规程、无安全装置的情况下，盲目操作。

3. 事故教训与防范措施

（1）购买设备时，一定要看有无铭牌、有无证明和相关技术资料。

（2）对吊车司机要严格培训和考核发证，工作时要持证上岗。单位要制定吊车安全操作规程，并严格贯彻执行。

第三节　灼烫伤害典型事故案例

一、热处理油池起火造成的房毁人伤事故

1993 年 2 月 17 日下午，宝鸡市某厂热处理分厂在生产过程中，

发生淬火油池着火事故，1名天车司机在逃避时摔伤，天车和房屋被烧毁。

1. 事故经过

1993年2月17日下午4时许，宝鸡市某厂热处理分厂的工人正在柴油池中为产品淬火。由于油池面积小，淬火时间过长，油温逐渐升高，接近了燃点。当作业人员继续把灼热的产品从加热炉中吊出，浸入滚烫的柴油中时，突然燃起熊熊大火。火焰随柴油溢出池外，流到地面后迅速向车间蔓延。天车司机由于吊着产品，无法启动天车，情急之中从数米高的天车平台一跃而下，腰部、脚部多处严重骨折，面部烧伤。这起火灾事故，共烧毁天车操作台一座，简易平房二间，烧伤从业人员1人。

2. 事故原因分析

造成这起事故的主要原因：一是淬火油池的油温控制不当，当油温接近燃点时，应该停止作业或者采取降温措施；二是热处理工序为企业重点防火部位，在淬火油池火焰初起之时，作业人员应采取积极的措施灭火。从事故发生的原因和过程看，在控制油温和积极灭火上存在着很大的问题，因此，指挥作业的班组长对此应负主要责任，工厂和车间安全管理不善，也应负重要责任。

3. 事故教训与防范措施

首先，以油淬火的落后工艺亟待改变。我国热处理行业火灾时有发生，究其原因，淬火的介质温度过高是一个重要的原因。如果不从工艺上彻底消除隐患，采取诸如以水代油等先进的淬火工艺，难以根治事故的发生。其次，应该建立健全严格而完善的冷却循环系统，加强生产人员的防火意识，不能凭经验，以感觉代替规章制度。所以，应采取的防范措施：一是用新工艺取代旧工艺，比较彻底地消除热处理工序的不安全因素；二是在旧工艺继续使用中，必须加强作业人员的安全教育和培训，包括灭火知识和灭火操作技术，同时加强作业现场的安全管理，及时发现问题解决问题，保证作业人员以及设备、设施的安全。

二、未排除堵塞故障盲目操作导致硫酸烧伤事故

1995 年 3 月 14 日，某汽车有限公司钣焊车间酸洗间 2 名职工，在用储酸罐向酸槽内加酸时，未排除堵塞故障，导致倒灌入橡胶管内的硫酸向外四处飞溅，造成 3 人面部被硫酸烧伤。

1. 事故经过

1995 年 3 月 14 日 15 时，某汽车有限公司钣焊车间酸洗间酸洗组组长杜某和同组工人赵某，用储酸罐向酸槽内加酸时，由于加酸用储罐及输送管道的设计有严重缺陷，结构不符合安全要求，杜某安全意识淡薄，在发现储酸口堵塞的情况下，未排除堵塞故障，盲目指挥赵某重复加压，致使罐体处于非输送硫酸短时承压状态，将充满硫酸的压缩空气橡胶管在与罐体接头处崩开，使倒灌入橡胶管内的硫酸向外四处飞溅，造成站在硫酸罐旁的杜某和休息室门边站立的武某、刘某面部被硫酸烧伤。

2. 事故原因分析

造成事故的直接原因，是杜某安全意识淡薄，在发现储酸罐出酸口堵塞的情况下，盲目指挥赵某重复加压，致使压缩空气橡胶管从管接头处崩开。同时，该汽车有限公司加酸用的储酸罐及输送管路的设计有严重缺陷，结构不符合安全要求，也是造成事故的一个主要原因。

造成事故的间接原因：一是该公司技术科未对加酸用工艺设施和操作制定具体的安全技术要求和安全操作规程，造成工人无章可循；二是该公司及钣焊车间安全管理和安全责任不落实，对酸洗作业未进行认真的安全检查和隐患整改；三是钣焊车间对职工的安全教育工作不落实，特别是对本岗位作业的安全教育针对性不强，对危险作业未采取安全防范措施。

3. 事故教训与防范措施

（1）通过此次事故应吸取教训、举一反三，狠抓安全教育，特别是对从事危险作业的职工，要进行针对性的岗位安全教育，并对职工实际掌握的程度进行检查和考核，教育全体职工遵守安全操作规程。在全厂开展“三不伤害、一不失误”的安全活动，提高职工安全意识和自我防护与相互防护的能力，确保安全生产。

（2）由技术科负责，组织全体工艺技术人员，开展一次工艺安全大检查，查现有工艺设施、操作是否有具体的安全操作规程和安全技术要求，并检查落实现场生产的执行情况，对检查结果逐级上报。

（3）认真落实设备、设施、工装、工具等安全责任制，明确管理职责，建立健全使用、维护、保养、检查、考核管理制度，并认真执行。

（4）停止现储酸罐的使用，待改进或更新并完善加酸工艺和安全操作规程后再投入使用。

第四节　触电伤害典型事故案例

一、电焊作业二次电压触电伤亡事故

2000 年 7 月 19 日，江苏省某生产企业发生一起因电焊机二次电

压引起的触电事故，造成 1 人死亡。

1. 事故经过

2000 年 7 月 19 日下午 4 时左右，某生产企业在生产过程中，按照工作安排，电焊工杨某在生产一车间平台上焊接空调管道，附近正在工作的职工突然听到一声喊叫，急忙出来查看，发现杨某已昏倒在地上，便急忙拉闸断电。杨某因伤势过重，经抢救无效死亡。

2. 事故原因分析

从事故现场分析，由于夏季露天作业，操作者汗多，身体电阻值较低，而电焊机二次侧空载电压实测为 47 V，故导致了电焊机二次电压触电事故，由于电焊机未配置二次空载降压保护的漏电保护器，杨某又没有穿绝缘鞋，所以当突然触电时得不到应有的保护，是导致这起事故发生的直接原因。

3. 事故教训与防范措施

要严格执行国家制定的安全生产规定和操作规程，特别是严格执行关于电焊机使用的有关规定，电焊机必须配备二次空载降压保护器和触电保护器。目前，大部分电焊机配置的漏电保护器，只解决了一次侧的漏电保护，而二次侧得不到保护，在潮湿环境中或夏季多汗的情况下，人体电阻值较低，一旦触及就会导致触电事故。使用二次空载降压保护器，可使二次侧存在的危险电压的时间非常短，较大地提高了二次侧的安全性。电焊机必须配备二次空载降压保护器和触电保护器，焊把线接头和绝缘性能必须符合安全要求，电焊机必须做保护接零，并配备漏电保护器，电焊机安装后必须有验收合格手续，焊工必须持证作业。

应采取的防范措施：一是对现有电焊机进行安全检查，同时接受事故教训，配备二次空载降压保护器和触电保护器，从技术上消除触电危险，保证安全；二是加强对电焊工的管理和教育，电焊工属于特殊工种，必须持证上岗，配备个人防护用品，作业时要按规定正确使用电焊手套、绝缘鞋、工作服、工作帽，严禁违章作业。

二、电工架梯登高作业忽视安全间距触电事故

1996 年 8 月 25 日，某摩托车制造公司在生产过程中，1 名老电工在对变压器室进行定期维修时不慎触电，从高处坠下，经抢救无效死亡。

1. 事故经过

1996 年 8 月 25 日，某摩托车制造公司在生产过程中，安排电试班对理化处分变电所变压器室进行定期维护修理。电试班班长刘某麻痹大意，明知刀闸带电，却带电操作，独自架梯登高作业。由于木梯离刀闸过近（小于 0.7 m），突然遭到电击，从 1.2 m 的高处坠落下来，坠落时撞击变压器，造成开放性颅骨骨折、肋骨骨折、双上肢电灼伤，经抢救无效死亡。

2. 事故原因分析

这起事故的主要原因就是思想上的麻痹大意，安全意识淡薄，又未按照操作规程作业，由此而导致事故的发生。

3. 事故教训与防范措施

（1）加强特种作业人员的教育和管理，组织特种作业人员分析事故发生的过程和原因，认真吸取事故教训，从自身做起，树立牢固的安全意识和遵章守纪意识。

（2）对有关责任人员进行必要的处罚，刘某的违章行为属于习惯性违章，在这起事故发生前有类似的违章现象，但是没有及时纠正与处理，所以有关人员应负一定的责任。

(3) 对屡教不改、严重违反规章制度和操作规程的人员，应采取必要的惩处，不能让违章行为任其发展，同样的事故再次发生。

第五节　物体打击伤害典型事故案例

一、砂轮安装使用不当造成伤眼事故

1998 年 3 月 14 日，四川省某冲压厂在生产过程中，一名工人在使用手持气动砂轮机时，砂轮突然发生爆裂，造成左眼伤害事故。

1. 事故经过

1998 年 3 月 14 日 9 时，四川省某冲压厂在生产过程中，该厂工模科钳工组模具修理钳工王某，手持新采用的角式气动砂轮机 (S125) 在修理模具时，砂轮突然发生爆裂，碎片将王某佩戴的防护眼镜打碎，伤及左眼。

2. 事故原因分析

造成这起事故的直接原因，是王某所使用的角式气动砂轮机安装使用不符合安全要求，在树脂钹型砂轮上叠加一片钢浴砂轮纸作为加工磨料，安装时未加软垫，造成砂轮压不紧，致使砂轮摆动，且王某手持砂轮机方向不当。造成事故的间接原因：一是该厂在风动工具的管理上有漏洞，未严格落实“四新”项目的“三同时”管理，尤其是工模科磨具、磨料工艺一览表及安全作业指导书不完善，未严格执行申报审核制度，对模修作业新采用角式风动砂轮机未纳入工艺，制定相应的使用安全管理规程；二是该厂的岗位安全教育针对性不强，生产作业现场的安全管理及预防事故发生的具体防范措施不到位，存在

漏洞。

3. 事故教训与防范措施

(1) 应举办风动工具安全使用、维护保养的安全技术培训，要做到有计划、有安排、有结果，切实提高操作工人的安全操作技能。

(2) 要强化落实“四新”项目的“三同时”管理，制定出安全可靠的管理规程，严格磨料、磨具的使用审批手续。

(3) 认真组织开展安全大检查，对查出的问题要落实整改，堵塞管理漏洞，强化各生产单位及科室的安全生产管理责任制，严格生产作业现场的安全监督、检查和考核。

二、使用电锯严重违章导致的伤亡事故

1996 年 10 月 21 日，南宁市某建筑公司木工组在生产过程中，一名工人擅自将砂轮片安装在电锯上，用于打磨木工锯片，致使砂轮片突然破裂，碎片飞出发生致 1 人死亡的严重事故。

1. 事故经过

1996 年 10 月 21 日，南宁市某建筑公司在生产过程中，木工组张某在未经现场管理人员同意的情况下，擅自将一块直径 30 cm，厚 3 mm 的砂轮钢筋切割片安装于电锯上，接通电源后打磨木工圆盘锯片。高速旋转的砂轮切割片因受侧压而突然破碎，切割碎片飞出，刺入张某左胸处，造成其胸部重伤，经抢救无效死亡。

2. 事故原因分析

造成这起事故的直接原因，是由于作业人员使用生产机具安全意识不强，盲目、冒险作业，对随时都会发生的危险估计不足所致，同时也有习惯性违章。造成事故的间接原因：一是对职工的安全教育不够，安全管理不到位，纠正违章行为处罚力度不够；二是未能提供专用的磨锯机具，未能从技术上提供安全有效的方法。

3. 事故教训与防范措施

这起事故的发生，与作业人员存在着冒险心理和麻痹心理有很大的关系。用很薄的砂轮切割片去磨锯片，稍有不慎，砂轮切割片就会破裂飞出伤人，应该采取有针对性的预防措施。

应采取的防范措施：一是对这种严重违章操作行为及时纠正，并且严厉处罚，决不姑息迁就；二是提供专用的磨锯机具，或者其他安全技术方法，彻底杜绝违章操作。

第六节　其他伤害典型事故案例

一、违章焊接作业引起的特大火灾事故

1999 年 5 月 16 日上午，广西柳州微型汽车厂涂装车间新面漆返修线，发生一起违章焊接作业引起的特大火灾事故，着火面积 278 m^2，直接财产损失 900 万元。

1. 事故经过

1999 年 5 月 16 日上午，柳州微型汽车厂涂装车间新面漆返修线的油漆线设备制造厂家副厂长奚某、职工单某，应柳州微型汽车厂涂装车间的要求，对返修线喷漆室脱落的铁门铰链进行修理。进行修理时，在没有得到批准动火的通知，又没有安全监护人员在场监护，也未采取有效防护措施，本人未持特种作业证的情况下，违章动火作业，用电焊焊接，致使焊渣从未遮挡好的空隙溅落，引燃地沟内的积漆，从而导致特大火灾事故。

2. 事故原因分析

事后经事故调查组确认，造成这起火灾的直接原因，是由于奚某、单某在柳微厂涂装车间面漆返修线喷金属漆段手工喷漆室西北门违章动火，进行电焊作业时，焊渣溅落到喷漆室门内的栅格板下面地沟的积漆上，引燃积漆造成火灾发生。造成这起事故的间接原因，是柳微厂消防安全管理责任制不落实，管理不到位，在火灾危险场所动火，未严格执行动火制度，未落实防火安全防范措施。

3. 事故教训与防范措施

这起特大火灾事故，暴露了该厂在安全生产管理上和消防工作上存在严重问题。主要问题：一是企业的领导安全生产意识淡薄，各级安全生产责任制不落实；二是企业各项管理制度看似健全，但监督不严，实际执行中不能坚持必要的工作程序，制度形同虚设，习惯性违章现象屡禁不绝；三是安全生产宣传教育工作不广泛、不深入，企业职工安全生产观念不强，安全素质不高。该企业应认真吸取事故教训，加强安全管理工作和消防工作，加强安全检查，对检查出来的不安全因素限期整改，同时加强安全教育工作，提高领导干部和职工对安全生产的认识，提高遵章守纪的自觉性。

二、违规操作焊接油罐引起的爆炸事故

2001 年 5 月 6 日，山东省某市汽车修理厂，发生一起违反操作规程焊接油罐，致使油罐爆炸事故，事故造成 1 人被炸身亡，1 人受伤。

1. 事故经过

2001 年 5 月 6 日下午 4 点左右，某汽车运输公司司机林某在运输过程中发现油罐的局部有些渗油，于是将油放空，来到汽车修理厂要求进行焊接补修。负责电焊工作的刘某在林某强烈要求下动工，导

致油罐发生爆炸，刘某当场死亡，林某被炸伤。

2. 事故原因分析

造成这起事故的直接原因，是焊工刘某违规操作，在油罐车未经彻底清洗、置换，未作动火分析并且柴油浓度较高的情况下，冒险焊接，结果造成爆炸。造成事故的间接原因，是企业在安全管理上不到位，对于能否焊接，缺乏有效的技术检验方法和防范措施。

3. 事故教训与防范措施

在焊工应遵守的“十不焊割”的规定中，明确规定：盛装过易燃、易爆气体（固体）的容器、管道，未经用碱水等彻底清洗和处理消除火灾爆炸危险的，不能焊割。要动火焊补盛装过汽油、煤油、柴油、烧碱、硫黄、甲苯、酒精等易燃物质的容器时，必须根据具体情况，严格遵守以下几点：①动火焊补前，先将设备的放散管、人孔、清扫孔等一切孔盖都打开；②把设备内部的可燃及有毒的介质彻底置换出来。在置换过程中，要不断取样分析，直到可燃有毒物质的含量符合安全要求为止。

应采取的防范措施：一是加强规章制度建设，将有关规定进一步明确细致并且具体化，同时明确汽车修理程序，作业人员不能随意接活；二是需要进一步加强安全管理工作，采取一些科学方法、技术措施，对盛装过易燃、易爆的容器能够进行检测分析，从而保证作业的安全。

附录 1

国务院办公厅关于进一步开展安全生产隐患排查治理工作的通知

国办发明电［2008］15 号

各省、自治区、直辖市人民政府，国务院各部委、各直属机构：

近年来，在党中央、国务院的正确领导下，通过各地区、各部门和各单位的共同努力，全国安全生产状况呈现总体稳定、趋于好转的发展态势，但事故总量仍然偏大，重特大事故时有发生，安全生产形势依然严峻。特别是一些地区和单位事故隐患突出，对人民群众生命财产安全构成严重威胁。为认真贯彻全国安全生产电视电话会议精神，深入落实 2008 年安全生产“隐患治理年”各项工作要求，有效遏制重特大事故的发生，促进安全生产状况持续稳定好转，经国务院同意，现就进一步开展隐患排查治理工作有关事项通知如下：

一、工作目标

在 2007 年开展隐患排查治理专项行动的基础上，全面排查治理各地区、各行业领域事故隐患，狠抓隐患整改工作，进一步深化重点行业领域安全专项整治，推动安全生产责任制和责任追究制的落实，完善安全生产规章制度，建立健全隐患排查治理及重大危险源监控的长效机制，强化安全生产基础，提高安全管理水平，为实现到 2010

年安全生产状况明显好转的目标奠定坚实基础。

二、范围、内容和方式

（一）排查治理范围：各地区、各行业（领域）的全部生产经营单位。主要包括：

1. 煤矿、金属和非金属矿山、冶金、有色、石油、化工、烟花爆竹、建筑施工、民爆器材、电力等工矿企业及其生产、储运等各类设备设施；

2. 道路交通、水运、铁路、民航等行业（领域）的企业、单位、站点、场所及设施，以及城市基础设施等；

3. 渔业、农机、水利等行业（领域）的企业、单位、场所及设施；

4. 商（市）场、公共娱乐场所（含水上游览场所）、旅游景点、学校、医院、宾馆、饭店、网吧、公园、劳动密集型企业等人员密集场所；

5. 锅炉、压力容器、压力管道、电梯、起重机械、客运索道、大型游乐设施、厂（场）内机动车辆等特种设备；

6. 易受台风、风暴潮、暴雨、洪水、暴雪、雷电、泥石流、山体滑坡等自然灾害影响的企业、单位和场所；

7. 近年来发生较大以上事故的单位。

（二）排查治理内容：在继续落实2007年隐患排查治理专项行动有关指导意见的基础上，全面排查治理各生产经营单位及其工艺系统、基础设施、技术装备、作业环境、防控手段等方面存在的隐患，以及安全生产体制机制、制度建设、安全管理组织体系、责任落实、劳动纪律、现场管理、事故查处等方面存在的薄弱环节。具体包括：

1. 安全生产法律法规、规章制度、规程标准的贯彻执行情况；

2. 安全生产责任制建立及落实情况；

3. 高危行业安全生产费用提取使用、安全生产风险抵押金交纳等经济政策的执行情况；

4. 企业安全生产重要设施、装备和关键设备、装置的完好状况及日常管理维护、保养情况，劳动防护用品的配备和使用情况；

5. 危险性较大的特种设备和危险物品的存储容器、运输工具的完好状况及检测检验情况；

6. 对存在较大危险因素的生产经营场所以及重点环节、部位重大危险源普查建档、风险辨识、监控预警制度的建设及措施落实情况；

7. 事故报告、处理及对有关责任人的责任追究情况；

8. 安全基础工作及教育培训情况，特别是企业主要负责人、安全管理人员和特种作业人员的持证上岗情况和生产一线职工（包括农民工）的教育培训情况，以及劳动组织、用工等情况；

9. 应急预案制定、演练和应急救援物资、设备配备及维护情况；

10. 新建、改建、扩建工程项目的安全“三同时”（安全设施与主体工程同时设计、同时施工、同时投产和使用）执行情况；

11. 道路设计、建设、维护及交通安全设施设置等情况；

12. 对企业周边或作业过程中存在的易由自然灾害引发事故灾难的危险点排查、防范和治理情况等。

同时，通过对安全生产隐患排查治理，进一步检查地方各级人民政府及有关部门落实监管责任，打击非法建设、生产、经营行为，事故查处及责任追究落实，有关政策措施制定和执行，安全许可制度实施，长效机制建设等方面的情况。

（三）排查治理方式。隐患排查治理工作要做到“四个结合”：

1. 坚持把隐患排查治理工作与深化煤矿瓦斯治理、整顿关闭工作以及各重点行业（领域）安全专项整治结合起来，狠抓薄弱环节，解决影响安全生产的突出矛盾和问题；

2. 坚持与日常安全监管监察执法结合起来，严格安全生产许可，加大打“三非”（非法建设、非法生产、非法经营）、反“三违”（违章指挥、违章作业、违反劳动纪律）、治“三超”（生产企业超能力、超强度、超定员，运输企业超载、超限、超负荷）工作力度，消除隐患滋生根源；

3. 坚持与加强企业安全管理和技术进步结合起来，强化安全标准化建设和现场管理，加大安全投入，推进安全技术改造，夯实安全管理基础；

4. 坚持与加强应急管理结合起来，建立健全应急管理制度，完善事故应急救援预案体系，落实隐患治理责任与监控措施，严防整治期间发生事故。

三、重点时段

第一时段（2 月至 4 月）：围绕确保全国“两会”期间安全生产，做好排查治理和监督检查工作。

1. 抓紧整改 2007 年隐患排查治理专项行动中排查出的重大隐患，凡能够在短期内完成整改的，务必于 3 月底前整改到位；暂时难以完成整改的，也要列出计划，做到责任、措施、资金、时间、预案五落实，并加强监控。

2. 认真贯彻落实党中央、国务院有关抗灾救灾工作的重要指示，针对低温雨雪冰冻等极端天气以及冬春季节用煤用电增加、春运高峰等因素，认真组织好煤矿、运输、电力等企业的安全生产，加强监督检查，严格安全管理，打“三非”、反“三违”、治“三超”，严密防范重特大事故。

3. 严把节日放假停产检修煤矿复产安全验收关，严禁停产煤矿未经验收批准擅自恢复生产，严防已关闭煤矿死灰复燃。特别要针对南方部分煤矿受灾停产造成瓦斯积聚、积水、供电不正常等突出问题，督促复产煤矿严格执行安全规程，严防事故发生。严厉打击非法生产经营烟花爆竹行为，加强对人员密集场所的安全检查，消除火灾等重大隐患，全面排查治理交通运输方面的隐患，确保春运安全。

第二时段（5月至9月）：围绕汛期和北京“奥运会”安全做好隐患排查治理工作。

1. 针对这一时期台风、暴雨、洪水、森林火灾等自然灾害多发频发的特点，把煤矿、金属和非金属矿山、隧道和其他地下设施，存在山体滑坡、垮塌、泥石流威胁的露天采场和建筑施工工地，存在溃坝溃堤危险的病险水库、河流、尾矿库等作为排查治理的重点，建立健全自然灾害预报、预警、预防和应急救援体系，落实防洪防汛、防坍塌、防泥石流、防火等各项措施，严防引发事故灾难。对排查出的隐患，要加快治理和除险加固进度，确保汛期到来前整改到位，因工程或其他原因无法完成的，要加强监测，制定预案。

2. 以煤矿、金属和非金属矿山、危险化学品、建筑施工、道路和水上交通、特种设备等夏季事故易发的行业领域为重点，抓住容易引发事故的重大隐患，加大治理力度。煤矿要重点防瓦斯、防透水，金属和非金属矿山要防冒顶、防爆破伤害，化工厂、加油站、危险物品运输要防火防爆、防泄漏防中毒，建筑施工要防坍塌垮塌，道路交通要防超载超限超速，水上交通要防碰撞防泄漏。

3. 加强对奥运场馆、设施设备、代表团驻地以及宾馆饭店、商（市）场、旅游景点和各类交通运输工具的安全检查和隐患排查，发现问题，立即采取措施，妥善加以解决和整改，为“奥运会”的成功举办创造安全稳定的社会环境。

第三时段（10月至12月）：针对第四季度赶任务、抢工期现象增多和冬季雨、雾、冰、雪天气多发的特点，深入推进隐患治理，防范遏制重特大事故。

1. 坚决查处生产企业和交通运输企业的“三超”行为，加大对无证勘查开采、以采代探、以掘代采、超层越界开采等违法违规行为的打击力度。加大打击非法生产销售火工品、烟花爆竹等的力度。

2. 指导督促各生产经营单位做好冬季安全生产工作，认真排查整改各类事故隐患，落实防火、防爆、防尘、防静电、防寒风大潮、防冰雪灾害、防冻裂泄漏，以及道路和水上交通防滑、防雾、防碰撞等措施。

3. 认真总结隐患排查治理工作成果和经验教训，提出改进措施和要求，健全企业、政府两个层面的重大隐患排查治理及重大危险源监控制度，使隐患排查治理实现制度化、规范化、经常化。

四、工作要求

（一）加强领导，精心组织。地方各级人民政府要切实加强对安全生产隐患排查治理工作的组织领导，安全监管监察等各有关部门要密切配合、加强指导。各地区、各部门、各单位要建立和落实隐患排查治理责任制，特别要全面落实地方各级政府行政首长和企业法定代表人负责制，健全工作机制，确定牵头部门，明确职责分工，周密部署，精心组织，全力抓好此项工作。国务院各相关部门要根据本通知精神，迅速制定下发具体实施意见；各省（区、市）要在2月底前对这项工作做出具体部署，贯彻落实到基层。各生产经营单位要切实负起隐患排查治理的主体责任，企业法定代表人负总责，组织开展本单位隐患排查治理工作，落实整改资金和责任，制定隐患监控措施，限期整改到位，并及时向当地政府及主管部门报告。

（二）突出重点，全面排查治理各类隐患。隐患排查治理要突出四个重点，即煤矿、金属和非金属矿山、交通运输、建筑施工、危险化学品、特种设备、人员密集场所等重点行业领域；事故多发、易发的重点地区；安全管理基础薄弱的重点企业；全国“两会”、汛期、“奥运会”期间、第四季度等重点时段，切实加大工作力度，坚决遏制重特大事故的发生。同时，要组织对各地区、各行业领域、各生产经营单位的安全隐患进行全面排查治理，做到排查不留死角，整改不留后患。

（三）强化监督检查，确保取得实效。地方各级人民政府及负有安全监管职责的各部门要切实加强对隐患排查治理工作的监督检查和指导，安全生产综合监管部门要统筹协调好联合督查行动，进一步完善工作方案和相关制度措施，规范监督检查的方法和程序，采取巡检、抽检、互检等方式，深入基层和生产一线加强督促指导。要建立重大隐患公告公示、挂牌督办、跟踪治理和逐项整改销号制度，强化行政执法，严厉打击非法违法建设、生产、经营等行为，对不具备安全生产条件且难以整改到位的企业，依法予以关闭取缔。对因隐患排查治理工作不力而引发事故的，要依法查处，严肃追究责任。

（四）加强舆论宣传，广泛发动职工群众。要充分利用广播、电视、报纸、互联网等媒体，加大对隐患排查治理工作的宣传力度，以“治理隐患、防范事故”为主题，组织开展好“安全生产月”和“安全万里行”活动。要通过各种途径教育引导各类生产经营企业和相关单位，深刻认识开展安全生产“隐患治理年”的重要性、必要性和紧迫性，增强做好隐患治理工作的主动性和自觉性，落实企业的主体责任。要充分依靠和发动广大从业人员参与隐患排查治理工作，建立监督和激励机制，组织职工特别是专业技术人员全面认真细致地查找各种事故隐患。对隐患排查治理不认真、走过场的单位要予以公开曝光。

（五）标本兼治，着力构建安全生产长效机制。各地区、各部门、各单位要以隐患排查治理为契机，不断加强和规范安全管理与监督。要切实加强隐患排查治理的信息统计，建立健全隐患排查治理信息报送制度和隐患数据库，加强隐患排查治理的基础工作。建立健全隐患排查治理分级管理和重大危险源分级监控制度，实现隐患登记、整改、销号的全过程管理。要认真分析近年来的典型事故案例，深刻吸取教训，举一反三，推动隐患排查治理工作，预防和杜绝同类事故的发生。要全面落实各项安全生产治本之策，加快解决影响安全生产的深层次矛盾和问题，建立安全生产的长效机制。

国务院办公厅

2008年2月16日

附录 2

安全生产事故隐患排查治理暂行规定

国家安全生产监督管理总局令第 16 号

第一章　总　　则

第一条　为了建立安全生产事故隐患排查治理长效机制，强化安全生产主体责任，加强事故隐患监督管理，防止和减少事故，保障人民群众生命财产安全，根据安全生产法等法律、行政法规，制定本规定。

第二条　生产经营单位安全生产事故隐患排查治理和安全生产监督管理部门、煤矿安全监察机构（以下统称安全监管监察部门）实施监管监察，适用本规定。

有关法律、行政法规对安全生产事故隐患排查治理另有规定的，依照其规定。

第三条　本规定所称安全生产事故隐患（以下简称事故隐患），是指生产经营单位违反安全生产法律、法规、规章、标准、规程和安全生产管理制度的规定，或者因其他因素在生产经营活动中存在可能导致事故发生的物的危险状态、人的不安全行为和管理上的缺陷。

事故隐患分为一般事故隐患和重大事故隐患。一般事故隐患，是指危害和整改难度较小，发现后能够立即整改排除的隐患。重大事故隐患，是指危害和整改难度较大，应当全部或者局部停产停业，并经过一定时间整改治理方能排除的隐患，或者因外部因素影响致使生产经营单位自身难以排除的隐患。

第四条 生产经营单位应当建立健全事故隐患排查治理制度。

生产经营单位主要负责人对本单位事故隐患排查治理工作全面负责。

第五条 各级安全监管监察部门按照职责对所辖区域内生产经营单位排查治理事故隐患工作依法实施综合监督管理；各级人民政府有关部门在各自职责范围内对生产经营单位排查治理事故隐患工作依法实施监督管理。

第六条 任何单位和个人发现事故隐患，均有权向安全监管监察部门和有关部门报告。

安全监管监察部门接到事故隐患报告后，应当按照职责分工立即组织核实并予以查处；发现所报告事故隐患应当由其他有关部门处理的，应当立即移送有关部门并记录备查。

第二章 生产经营单位的职责

第七条 生产经营单位应当依照法律、法规、规章、标准和规程的要求从事生产经营活动。严禁非法从事生产经营活动。

第八条 生产经营单位是事故隐患排查、治理和防控的责任主体。

生产经营单位应当建立健全事故隐患排查治理和建档监控等制度，逐级建立并落实从主要负责人到每个从业人员的隐患排查治理和监控责任制。

第九条　生产经营单位应当保证事故隐患排查治理所需的资金，建立资金使用专项制度。

第十条　生产经营单位应当定期组织安全生产管理人员、工程技术人员和其他相关人员排查本单位的事故隐患。对排查出的事故隐患，应当按照事故隐患的等级进行登记，建立事故隐患信息档案，并按照职责分工实施监控治理。

第十一条　生产经营单位应当建立事故隐患报告和举报奖励制度，鼓励、发动职工发现和排除事故隐患，鼓励社会公众举报。对发现、排除和举报事故隐患的有功人员，应当给予物质奖励和表彰。

第十二条　生产经营单位将生产经营项目、场所、设备发包、出租的，应当与承包、承租单位签订安全生产管理协议，并在协议中明确各方对事故隐患排查、治理和防控的管理职责。生产经营单位对承包、承租单位的事故隐患排查治理负有统一协调和监督管理的职责。

第十三条　安全监管监察部门和有关部门的监督检查人员依法履行事故隐患监督检查职责时，生产经营单位应当积极配合，不得拒绝和阻挠。

第十四条　生产经营单位应当每季、每年对本单位事故隐患排查治理情况进行统计分析，并分别于下一季度15日前和下一年1月31日前向安全监管监察部门和有关部门报送书面统计分析表。统计分析表应当由生产经营单位主要负责人签字。

对于重大事故隐患，生产经营单位除依照前款规定报送外，应当及时向安全监管监察部门和有关部门报告。重大事故隐患报告内容应当包括：

（一）隐患的现状及其产生原因；

（二）隐患的危害程度和整改难易程度分析；

（三）隐患的治理方案。

第十五条 对于一般事故隐患，由生产经营单位（车间、分厂、区队等）负责人或者有关人员立即组织整改。

对于重大事故隐患，由生产经营单位主要负责人组织制定并实施事故隐患治理方案。重大事故隐患治理方案应当包括以下内容：

（一）治理的目标和任务；

（二）采取的方法和措施；

（三）经费和物资的落实；

（四）负责治理的机构和人员；

（五）治理的时限和要求；

（六）安全措施和应急预案。

第十六条 生产经营单位在事故隐患治理过程中，应当采取相应的安全防范措施，防止事故发生。事故隐患排除前或者排除过程中无法保证安全的，应当从危险区域内撤出作业人员，并疏散可能危及的其他人员，设置警戒标志，暂时停产停业或者停止使用；对暂时难以停产或者停止使用的相关生产储存装置、设施、设备，应当加强维护和保养，防止事故发生。

第十七条 生产经营单位应当加强对自然灾害的预防。对于因自然灾害可能导致事故灾难的隐患，应当按照有关法律、法规、标准和本规定的要求排查治理，采取可靠的预防措施，制定应急预案。在接到有关自然灾害预报时，应当及时向下属单位发出预警通知；发生自然灾害可能危及生产经营单位和人员安全的情况时，应当采取撤离人员、停止作业、加强监测等安全措施，并及时向当地人民政府及其有关部门报告。

第十八条　地方人民政府或者安全监管监察部门及有关部门挂牌督办并责令全部或者局部停产停业治理的重大事故隐患，治理工作结束后，有条件的生产经营单位应当组织本单位的技术人员和专家对重大事故隐患的治理情况进行评估；其他生产经营单位应当委托具备相应资质的安全评价机构对重大事故隐患的治理情况进行评估。

经治理后符合安全生产条件的，生产经营单位应当向安全监管监察部门和有关部门提出恢复生产的书面申请，经安全监管监察部门和有关部门审查同意后，方可恢复生产经营。申请报告应当包括治理方案的内容、项目和安全评价机构出具的评价报告等。

第三章　监督管理

第十九条　安全监管监察部门应当指导、监督生产经营单位按照有关法律、法规、规章、标准和规程的要求，建立健全事故隐患排查治理等各项制度。

第二十条　安全监管监察部门应当建立事故隐患排查治理监督检查制度，定期组织对生产经营单位事故隐患排查治理情况开展监督检查；应当加强对重点单位的事故隐患排查治理情况的监督检查。对检查过程中发现的重大事故隐患，应当下达整改指令书，并建立信息管理台账。必要时，报告同级人民政府并对重大事故隐患实行挂牌督办。

安全监管监察部门应当配合有关部门做好对生产经营单位事故隐患排查治理情况开展的监督检查，依法查处事故隐患排查治理的非法和违法行为及其责任者。

安全监管监察部门发现属于其他有关部门职责范围内的重大事故隐患的，应该及时将有关资料移送有管辖权的有关部门，并记录备查。

第二十一条　已经取得安全生产许可证的生产经营单位，在其被挂牌督办的重大事故隐患治理结束前，安全监管监察部门应当加强监督检查。必要时，可以提请原许可证颁发机关依法暂扣其安全生产许可证。

第二十二条　安全监管监察部门应当会同有关部门把重大事故隐患整改纳入重点行业领域的安全专项整治中加以治理，落实相应责任。

第二十三条　对挂牌督办并采取全部或者局部停产停业治理的重大事故隐患，安全监管监察部门收到生产经营单位恢复生产的申请报告后，应当在10日内进行现场审查。审查合格的，对事故隐患进行核销，同意恢复生产经营；审查不合格的，依法责令改正或者下达停产整改指令。对整改无望或者生产经营单位拒不执行整改指令的，依法实施行政处罚；不具备安全生产条件的，依法提请县级以上人民政府按照国务院规定的权限予以关闭。

第二十四条　安全监管监察部门应当每季将本行政区域重大事故隐患的排查治理情况和统计分析表逐级报至省级安全监管监察部门备案。

省级安全监管监察部门应当每半年将本行政区域重大事故隐患的排查治理情况和统计分析表报国家安全生产监督管理总局备案。

第四章　罚　　则

第二十五条　生产经营单位及其主要负责人未履行事故隐患排查

治理职责，导致发生生产安全事故的，依法给予行政处罚。

第二十六条 生产经营单位违反本规定，有下列行为之一的，由安全监管监察部门给予警告，并处三万元以下的罚款：

（一）未建立安全生产事故隐患排查治理等各项制度的；

（二）未按规定上报事故隐患排查治理统计分析表的；

（三）未制定事故隐患治理方案的；

（四）重大事故隐患不报或者未及时报告的；

（五）未对事故隐患进行排查治理擅自生产经营的；

（六）整改不合格或者未经安全监管监察部门审查同意擅自恢复生产经营的。

第二十七条 承担检测检验、安全评价的中介机构，出具虚假评价证明，尚不够刑事处罚的，没收违法所得，违法所得在五千元以上的，并处违法所得二倍以上五倍以下的罚款，没有违法所得或者违法所得不足五千元的，单处或者并处五千元以上二万元以下的罚款，同时可对其直接负责的主管人员和其他直接责任人员处五千元以上五万元以下的罚款；给他人造成损害的，与生产经营单位承担连带赔偿责任。

对有前款违法行为的机构，撤销其相应的资质。

第二十八条 生产经营单位事故隐患排查治理过程中违反有关安全生产法律、法规、规章、标准和规程规定的，依法给予行政处罚。

第二十九条 安全监管监察部门的工作人员未依法履行职责的，按照有关规定处理。

第五章 附 则

第三十条 省级安全监管监察部门可以根据本规定，制定事故隐查治理和监督管理实施细则。

第三十一条 事业单位、人民团体以及其他经济组织的事故隐患排查治理，参照本规定执行。

第三十二条 本规定自 2008 年 2 月 1 日起施行。